机械制造技术
基础研究

他文娟　叶青艳　吕晓丹　著

哈尔滨出版社
HARBIN PUBLISHING HOUSE

图书在版编目（CIP）数据

机械制造技术基础研究 / 他文娟，叶青艳，吕晓丹著 . -- 哈尔滨：哈尔滨出版社，2025.1. -- ISBN 978-7-5484-8332-8

Ⅰ.TH16

中国国家版本馆 CIP 数据核字第 2024CS9527 号

书　　名：	**机械制造技术基础研究**
	JIXIE ZHIZAO JISHU JICHU YANJIU

作　　者：他文娟　叶青艳　吕晓丹　著
责任编辑：李金秋

出版发行：哈尔滨出版社（Harbin Publishing House）
社　　址：哈尔滨市香坊区泰山路 82-9 号　邮编：150090
经　　销：全国新华书店
印　　刷：北京鑫益晖印刷有限公司
网　　址：www.hrbcbs.com
E - mail：hrbcbs@yeah.net
编辑版权热线：（0451）87900271　87900272
销售热线：（0451）87900202　87900203

开　　本：	787mm×1092mm　1/16　印张：12.25　字数：181 千字
版　　次：	2025 年 1 月第 1 版
印　　次：	2025 年 1 月第 1 次印刷
书　　号：	ISBN 978-7-5484-8332-8
定　　价：	58.00 元

凡购本社图书发现印装错误，请与本社印制部联系调换。

服务热线：（0451）87900279

前　言

机械制造技术作为人类文明进步的基石之一，始终推动着社会的进步与发展，从远古时期的简单工具制造，到现代高精尖设备的研发与生产，机械制造技术的每一次革新都深刻地影响着人类的生产方式与生活面貌。如今，随着科技的飞速发展，机械制造技术基础研究的重要性愈发凸显，它不仅是提升国家工业实力的关键，更是引领未来制造业转型升级的先导。在机械制造的广阔领域中，技术基础研究占据着举足轻重的地位，其涉及机械制造过程中的材料选择、工艺设计、加工方法、设备性能等诸多方面，每一个环节都至关重要。材料的选择直接决定了产品的性能与寿命；工艺设计的优劣则关系着生产效率和成本控制；加工方法的精湛与否更是直接影响产品的质量和精度；而设备性能的提升，则意味着生产能力和市场竞争力的提升。因此，深入探究机械制造技术的基础，对于推动整个行业的进步具有不可估量的价值。当今世界，正经历着以信息化、智能化为特征的第四次工业革命。在这一浪潮中，机械制造技术基础研究正面临着前所未有的机遇与挑战。一方面，随着计算机技术、自动化技术、人工智能等高新技术的迅猛发展，机械制造领域迎来了技术融合与创新的高潮，为技术基础研究提供了广阔的空间和无限的可能；另一方面，全球市场竞争的日益激烈和客户需求的多样化，也对机械制造技术提出了更高的要求。如何在保证产品质量的基础上，实现生产效率的提升和成本的降低，成为摆在每一个机械制造从业者面前的重大课题。

本书共分为八章，第一章至第二章主要研究机械制造技术的基础理论，第三章至第五章则聚焦于机械制造的工艺、装备及自动化智能化技术第六章至第七章探讨了机械制造中的检测、测试、安全技术及标准。第八章展望了机械制造技术的创新与未来,分析了创新驱动因素、创新路径与模式,以及未来发展趋势与预测。本书适用于机械工程及相关领域的专业技术人员、研究人员和学生,可作为他们学习、研究和应用机械制造技术的参考书籍。

目　录

第一章　机械制造技术概述 ... 1

第一节　机械制造技术的发展历程 ... 1
第二节　机械制造技术的重要性与应用 ... 7

第二章　机械制造基础理论与原理 ... 13

第一节　机械制造中的物理与化学基础 ... 13
第二节　机械制造的工艺力学原理 ... 22
第三节　机械制造的精度与质量控制理论 ... 28

第三章　机械制造工艺与装备 ... 36

第一节　铸造与锻造工艺及其装备 ... 36
第二节　焊接与切割工艺及其装备 ... 43
第三节　机械加工工艺及其装备 ... 52
第四节　特种加工工艺及其装备 ... 59

第四章　机械加工质量及其控制 ... 65

第一节　机械加工精度 ... 65
第二节　加工原理误差对加工精度的影响 ... 75
第三节　机床误差对加工精度的影响 ... 81
第四节　加工过程误差对加工精度的影响 ... 86

第五节 工艺系统的热变形对加工精度的影响 …………………………… 91

第五章 机械制造中的自动化与智能化技术 …………………………… 97

第一节 机械制造自动化技术的发展与应用 …………………………… 97
第二节 智能制造系统与智能制造技术 ………………………………… 104
第三节 自动化与智能化技术在机械制造中的集成应用 ……………… 110

第六章 机械制造中的检测与测试技术 ………………………………… 117

第一节 机械制造中的无损检测技术 …………………………………… 117
第二节 机械制造中的性能测试技术 …………………………………… 127
第三节 机械制造中的质量控制与检测技术 …………………………… 136

第七章 机械制造中的安全技术与标准 ………………………………… 146

第一节 机械制造中的安全隐患与风险 ………………………………… 146
第二节 机械制造安全技术的应用 ……………………………………… 152
第三节 机械制造中的标准化与规范化 ………………………………… 158

第八章 机械制造技术的创新与未来展望 ……………………………… 166

第一节 机械制造技术的创新驱动因素 ………………………………… 166
第二节 机械制造技术的创新路径与模式 ……………………………… 174
第三节 机械制造技术的未来发展趋势与预测 ………………………… 182

参考文献 ……………………………………………………………………… 187

第一章 机械制造技术概述

第一节 机械制造技术的发展历程

一、古代机械制造技术的起源

(一)早期简单机械的出现

在古代,人类为了满足生产和生活的需要,开始创造并使用各种简单机械,这些机械的出现,标志着机械制造技术的初步起源。水车、风车等是利用自然力量进行工作的典型代表,它们在古代农业灌溉和粮食加工中发挥了重要作用。古代人类还制造了各种农具和兵器,如犁、锄、刀、剑等,这些机械的出现极大地提高了人类的生产力和战斗力。这些早期简单机械的出现,是人类智慧的结晶,也是机械制造技术发展的起点,虽然这些机械在结构和功能上相对简单,但它们的发明和应用为后来的机械制造技术发展奠定了基础,推动了人类社会的进步。

(二)古代机械制造的特点

1.手工操作为主

古代机械制造的确是一个高度依赖工匠手工技艺的领域,在那个时代,没有现代化的机床和自动化设备,每一个机械部件的制造,都需要工匠们倾注心血,凭借双手一点一滴地打磨、雕刻和组装。这一过程不仅考验着工匠们的技艺水平,更是对他们丰富经验和细致耐心的极致挑战。以春秋时期的弩机为例,这种精密的武器在当时已经展现出了令人惊叹的加工精度,弩机的各个部件,无论是形状复杂的扳机、还是精准度要求极高的箭槽,都被工匠们打磨得光洁如镜,配合严丝合缝。这样的成品,不仅保证了弩机在使用时的稳定性和射击精度,更是古代工匠精湛手工技艺的生动体现。

2.材料选择的局限性

古代机械制造的技术和风格深受可用材料种类的限制,在那个时期,工匠们主要依赖木材、石材、青铜和铁等自然材料进行制造。这些材料的硬度、韧性以及可加工性各不相同,对机械制造的过程和结果产生了显著影响。以商周时期的青铜器为例,其独特的质朴雄浑风格,在很大程度上是由青铜这种材料的特性所塑造的,青铜具有良好的延展性和可塑性,但在铸造过程中也需要精细控制温度和合金比例,直接影响了青铜器的外观和质感。随着铁器的出现,机械制造迎来了重大的转变,铁比青铜更加坚硬且耐用,使得机械制造能够探索更多新的可能性和应用领域。铁器的广泛使用不仅提升了工具的效能,还促进了机械制造技术的革新,标志着古代机械制造进入了一个全新的发展阶段。

3.与生产生活密切相关

古代机械制造的产品在古代社会中占据着举足轻重的地位,其广泛应用深刻影响着农业、手工业、军事等诸多领域。在农业方面,精心打造的农具如犁、耙、锄等,不仅提高了耕作的效率,还使得农作物产量得以大幅提升,从而稳固了农业作为古代社会经济基础的地位。在手工业领域,纺织机械的出现与改进极大地推动了纺织业的发展,细腻的丝绸、棉布等纺织品得以大量生产,丰富了人们的衣着选择,也促进了商业的繁荣。而在军事上,锋利的兵器、坚固的铠甲以及精巧的攻城器械等,都是古代机械制造的杰出代表,它们在战争中发挥着决定性的作用,保卫着国家的安宁。这些机械产品的广泛应用,无疑极大地提升了古代社会的整体生产力,改善了人们的生活水平,也推动了社会的进步与发展。

二、中世纪机械制造技术的发展

(一)水力机械的广泛应用

在中世纪,水力机械得到了广泛的推广和应用,这一变革极大地推动了机械制造技术的发展。水力机械利用水流的力量来驱动各种设备,不仅提高了生产效率,还降低了人力成本。其中,水车和水磨是最具代表性的水力机械。水车被广泛应用于农田灌溉,有效地解决了农业生产中的灌溉问题,提高了农作物的产量。而水磨则用于谷物加工,极大加快了粮食的处理速度,为人们的生活提供了更多便利。水力机械的广泛应用不仅体现在农业领域,还渗透到其他行业。例如,在纺织业中,水力驱动的纺织机极大提高了织布效率;在矿业中,水力泵被用于排水,改善了矿井的工作环境。

(二)中世纪机械制造的进步

中世纪时期,机械制造技术取得了显著的进步,一方面,机械制造工艺得到了改进,工匠们开始探索更为精细的加工方法,以提高机械的精度和耐用性。例如,通过热处理、淬火等技术,改善了金属材料的性能,使得机械部件更加坚固耐用。另一方面,中世纪机械制造的进步还体现在机械零件的标准化与互换性方面。随着生产规模的扩大,工匠们开始尝试制定统一的零件标准,以实现零件的互换性。这一创新不仅提高了生产效率,还为后来的机械制造工业化奠定了基础。此外,中世纪机械制造的进步还受益于与其他文明的交流。例如,从中国传入的丝绸制造技术、造纸术等,都为欧洲的机械制造带来了新的灵感和发展动力,这些技术的进步不仅推动了当时的社会经济发展,也为后来的工业革命打下了坚实的基础。

三、工业革命与机械制造技术的飞跃

(一)蒸汽机的发明与改良

工业革命时期,蒸汽机作为一种新型动力设备,其出现彻底改变了传统机械制造的动力来源。与之前的水力、风力等自然动力相比,蒸汽机提供了更为稳定、强大的动力输出,使得机械制造能够摆脱对自然条件的依赖,实现全天候、高效率的生产。蒸汽机的改良过程也是机械制造技术进步的重要体现。从最初的纽科门蒸汽机到瓦特改良后的蒸汽机,每一次技术革新都带来了蒸汽机效率和性能的提升。这些改良不仅提高了蒸汽机的热效率,降低了燃料消耗,还使得蒸汽机能够更加精准地控制动力输出,满足不同机械制造过程的需求。蒸汽机的广泛应用更是推动了机械制造技术的全面发展,在蒸汽机的驱动下,各种新型机械设备如纺织机、机床等得以诞生,极大地提高了生产效率和产品质量;蒸汽机的普及也促进了机械制造行业的规模化、专业化发展,为后来的工业化生产奠定了坚实基础。

(二)机械制造的工业化生产

工业革命时期,机械制造逐渐实现了工业化生产,这一转变标志着机械制造技术进入了一个全新的发展阶段。在工业化生产的推动下,机械制造开始呈现出规模化、标准化和自动化的特点。规模化生产使得机械制造能够充分利用资源和降低成本,通过大规模生产同一类型的产品,企业可以实现原材料的集中采购和高效利用,同时降低单件产品的生产成本,提高市场竞争力。标准化生产则保证了机械制造的质量和互换性,在工业化生产过程中,各种机械零件和部件被统一制定为标准尺寸和规格,不仅简化了生产过程,还使得不同厂家生产的零件能够相互通用和替换,大幅提高了机械制造的灵活性和维修便利性。自动化技术的应用更是推动了机械制造技术的飞跃发展,随着电气技术和自动控制技术的不断进步,越来越多的机械设备开始实现自动化操作。

自动化生产线能够连续、高效地完成一系列复杂的机械制造过程,极大地提高了生产效率和产品质量,也降低了对人工操作的依赖。

四、现代化机械制造技术的崛起

(一)新型动力设备的应用

随着科技的飞速进步,新型动力设备在现代化机械制造中扮演了举足轻重的角色,这些设备,如电力驱动系统、液压与气动技术,以及更为先进的混合动力和新能源技术,为机械制造带来了前所未有的动力革命,不仅提供了更高效、更稳定的动力输出,还大幅降低了能耗和环境污染。电力驱动系统的广泛应用,使得机械制造过程更加精准和可控,液压与气动技术则以其强大的功率密度和快速响应特性,在重型和高速机械制造中占据了一席之地;而混合动力和新能源技术的兴起,更是推动了机械制造向绿色、可持续方向发展。这些新型动力设备的应用,不仅提升了机械制造的生产效率和产品质量,也为企业节约了大量能源成本,增强了市场竞争力;还促进了机械制造技术的不断创新和升级,为整个行业的持续发展注入了强劲动力。

(二)计算机技术与机械制造的融合

计算机技术的迅猛发展,为机械制造领域带来了翻天覆地的变化,计算机技术与机械制造的融合,不仅提高了生产效率和精度,还推动了机械制造向智能化、自动化方向迈进。在现代化机械制造中,计算机技术被广泛应用于产品设计、生产规划、加工控制以及质量检测等各个环节,通过计算机辅助设计(CAD)和计算机辅助制造(CAM)等技术,设计师和工程师能够更高效地进行产品设计和工艺规划,大幅缩短了研发周期。计算机数控技术(CNC)的普及,使得机械加工过程实现了自动化和精准控制,显著提高了生产效率和产品质量。此外,计算机技术还在机械制造的供应链管理、生产调度和远程监控等方面发挥着重要作用。通过集成制造系统(IMS)和企业资源计划(ERP)等信息化手段，企业能够实现对生产过程的全面监控和优化管理，进一步提高资源利用效率和市场竞争力。计算机技术与机械制造的融合，不仅推动了机械制造技术的创新升级，还为整个行业的转型升级提供了强大支持。随着人工智能、大数据等前沿技术的不断发展，未来计算机技术在机械制造中的应用将更加广泛深入，为机械制造行业的持续发展注入新的活力。

五、当代机械制造技术的发展趋势

（一）智能化与自动化的发展

随着人工智能、机器学习等技术的深入应用，机械制造正逐步实现从手工操作到自动化生产，再到智能化决策的转变。智能化技术使机械设备能够自主感知、分析、决策和执行，从而提高生产效率和精度，降低人为干预和错误率。自动化技术的广泛应用，如自动化生产线、无人车间等，极大地增强了生产过程的连续性和稳定性，减少了生产周期和成本。未来，随着技术的不断进步，智能化与自动化将更加深入地融入机械制造的各个环节，推动整个行业向更高效、更智能的方向发展。

（二）绿色制造与可持续发展

面对全球环境日益恶化的挑战，绿色制造与可持续发展已成为当代机械制造技术的重要发展方向，绿色制造强调在产品设计、制造、使用及回收等全生命周期中，尽量减少对环境的负面影响，同时提高资源利用效率。这要求机械制造行业不仅要关注生产效率和产品质量，还要积极采用环保材料、节能技术和清洁生产工艺，以降低能耗、减少排放。此外，随着循环经济的兴起，机械制造行业还需加强废弃物的回收再利用，实现资源的最大化利用。可持续发展则要求机械制造技术在满足当代需求且不损害未来世代的发展能力，因此，机械制造行业需不断探索创新技术和管理模式，以实现经济效益、社会效益和环境效益的协调发展。

	生产率、成本和质量		质量、柔性、市场响应能力和竞争力	
	(卖方市场)		(买方市场)	
	低技术经济	规模经济	高技术经济	规模经济
原始农业经济	分化	部门化	柔性自动化	现代集成制造系统
手工工具	机器设备	自动化		
手工作坊	机械化	刚性自动化		柔性化与智能化
劳动密集	资本密集	技术密集	技术、信息密集	信息密集
↑	↑	↑	↑	↑
六千年前	工业革命	1900年	1950年后	1970年后FMS、FMC
石制工具	蒸汽机	批量化生产	数控技术	1980年CIMS
铜制工具	工具机		数控机床	1990年IM
铁制工具			CAD、CAP、PCAM技术	2000年网络制造

图1-1 制造技术的发展历程

第二节 机械制造技术的重要性与应用

一、机械制造技术的重要性

(一)推动工业发展

作为工业领域的核心,机械制造技术不仅是工业生产的基础,更是推动工业不断向前发展的关键动力。随着科技的不断进步和创新,机械制造技术日益精进,为工业领域带来了前所未有的变革。通过引入先进的机械制造技术,工业企业能够生产出更为高效、精密的设备,从而大幅提升生产效率。这些新型设备不仅运转速度更快,而且操作更为便捷,显著减少了生产过程中的时间浪费和人力成本。机械制造技术的进步也显著提高了产品的质量,借助先进的加工工艺和精密的检测设备,企业能够更精确地控制产品的尺寸、形状和性能,确保每一件产品都达到甚至超越客户的期望。这种质量上的提升不仅增强了企业的市场竞争力,还为消费者带来了更为优质、可靠的产品体验。因此,可以说机械制造技术是工业发展的基石和推动力,它不仅为工业提供了强大的技术支持,还通过不断提升生产效率和产品质量,推动着整个工业体系向着更高、更远的目标迈进。

(二)提升国家竞争力

一个国家机械制造技术的水平,不仅仅是技术层面的体现,更是其工业实力和科技创新能力的象征,这种技术水平的高低直接影响着国家在全球产业链中的地位和影响力。拥有先进的机械制造技术,意味着国家能够生产出高质量、高性能的工业产品,从而满足国内外市场的需求,不仅有助于提升国家在全球贸易中的份额,还能够吸引更多的国际合作伙伴,进一步拓展国际市场。先进的机械制造技术也是国家实现产业升级、转型发展的关键所在。通过技术创新和产业升级,国家能够逐渐摆脱对低端制造业的依赖,向高端制造业迈进,从而提升在全球价值链中的地位。此外,机械制造技术的发展还与国家经济安全密切相关,在全球化背景下,国家之间的经济竞争愈发激烈,掌握核心制造技术的国家能够在关键时刻保障自身产业链的稳定运行,抵御外部经济风险。因此,提升机械制造技术水平,对于增强国家经济实力、维护国家经济安全具有深远意义。

(三)促进就业与经济增长

机械制造产业作为国民经济的重要支柱,其庞大的产业链涵盖了研发、设计、生产、销售等诸多关键环节,为社会创造了丰富的就业机会。在机械制造产业的发展过程中,不仅需要大量的工程师、技术人员和熟练操作工人,还催生了与之相关的配套服务行业,如物流、维修、咨询等,从而进一步拓宽了就业领域。机械制造产业通过产品出口和技术服务等方式,为经济增长做出了显著贡献。随着全球市场的日益开放和国际贸易的蓬勃发展,机械制造产品已成为国际贸易中的重要商品。高品质、高性能的机械制造产品不仅满足了国内外市场的需求,还为国家带来了可观的外汇收入。此外,机械制造企业还通过提供技术服务、参与国际工程承包等方式,进一步拓展了业务领域,增强了经济实力。因此,机械制造产业在促进就业和推动经济增长方面发挥着不可或缺的作用,它的发展不仅关乎国家的工业实力和科技创新能力,更与社会的繁荣稳定和人民的福祉紧密相连。

二、机械制造技术的应用

(一)在汽车工业的应用

1. 自动化生产线

在汽车工业中,机械制造技术的应用显得尤为关键,特别是在自动化生产线的构建上,汽车的生产过程涉及多个复杂的工艺流程,包括冲压、焊接、涂装和总装等,每一个环节都对生产效率和产品质量有着极高的要求。机械制造技术通过引入先进的自动化设备和智能控制系统,为汽车工业打造了高度自动化的生产线。在冲压环节,高精度的冲压设备和模具能够确保汽车零部件的精确成型,提高生产效率和材料利用率。在焊接环节,自动化焊接设备和技术能够实现高效、稳定的焊接过程,保证焊缝的质量和强度。涂装环节则借助先进的喷涂设备和环保涂料,实现汽车表面的均匀涂装,提升产品的外观质量和防腐性能。在总装环节,通过自动化装配线和智能检测系统,能够确保每一个零部件都按照精确的标准进行组装,从而保证整车的性能和安全性。这种高度自动化的生产线不仅显著提高了汽车的生产效率,还通过精确控制每个工艺环节,有效提升了产品的质量水平。机械制造技术在汽车工业中的应用,特别是在自动化生产线的建设上,对于推动汽车产业的发展和提升市场竞争力具有重要意义。

2. 智能制造技术

智能制造技术作为当代工业革命的重要成果,其在汽车工业中的应用日益广泛,这项技术通过深度集成信息技术和制造技术,打破了传统制造模式的限制,为汽车制造带来了前所未有的变革。在智能制造技术的支持下,汽车生产过程实现了可视化、可控制和智能化。生产现场的数据通过先进的传感技术和网络系统实时采集、传输，使得管理者能够随时掌握生产线的运行状态，对生产过程中的问题做出迅速响应。借助高级分析工具和算法，这些数据被进一步加工、挖掘，为生产决策提供了科学依据。此外，智能制造技术还显著提升了汽车制造的灵活性和响应速度，在高度自动化的生产线上，智能机器人和自动化设备能够根据不同的生产需求进行快速调整，实现多品种、小批量的柔性生产，不仅满足了市场日益多样化的需求，还缩短了产品从设计到量产的周期，提高了企业的市场竞争力。因此，智能制造技术在汽车工业中的应用，是推动汽车产业转型升级、实现高质量发展的重要途径。随着技术的不断进步和创新，智能制造将继续引领汽车工业迈向更加智能、高效、绿色的未来。

（二）在航空航天领域的应用

1.精密加工技术

在航空航天领域，对零部件的精度和性能要求达到了极致，这是因为，航空航天器在极端的环境下运行，任何微小的瑕疵或性能不足都可能引发严重的后果。因此，机械制造技术中的精密加工技术在这一领域发挥着举足轻重的作用。精密加工技术，如超精密磨削、电火花加工等，以其超凡的精度和稳定性，为航空航天零部件的制造提供了坚实的技术支撑。超精密磨削技术，通过对材料的微观层面进行精细去除，能够实现零部件表面纳米级的平滑度，从而确保其在高速、高温等极端条件下的稳定运行。而电火花加工技术，则以其独特的非接触式加工方式，能够在复杂形状的零部件上实现高精度的加工，满足航空航天器对零部件形状和性能的严苛要求。这些精密加工技术的应用，不仅提升了航空航天零部件的制造质量，还为航空航天器的整体性能和安全性提供了有力保障。因此，随着航空航天技术的不断发展，精密加工技术将继续在这一领域发挥不可或缺的作用，推动航空航天事业向更高、更远的目标迈进。

2.复合材料制造技术

复合材料以其优异的性能，如高强度、轻质、耐腐蚀等，在航空航天领域展现出了广阔的应用前景,为了满足航空航天器对材料性能的高要求,机械制造技术中的复合材料制造技术应运而生,为复合材料的制备和加工提供了高效、可靠的解决方案。其中,热压罐成型技术作为一种重要的复合材料制造技术,通过高温高压环境下的成型过程,能够实现复合材料构件的精确成型和高质量性能。这种技术不仅能够制备出形状复杂的复合材料构件,还能够有效控制构件的内部质量和表面状态,从而确保其满足航空航天器的严苛要求。此外,自动铺放技术也是复合材料制造中的关键技术之一,它利用先进的机器人技术和自动控制系统,实现了复合材料纤维的精确铺放和定位,这种技术不仅提高了复合材料构件的制造效率,还大幅提升了构件的精度和一致性,为航空航天器的批量生产和高质量制造提供了有力支持。

(三)在医疗器械制造中的应用

1.微型化制造技术

随着医疗技术的日新月异,医疗器械的微型化已成为行业发展的重要趋势,微型化医疗器械不仅能够在诊断、治疗过程中实现更高的精度和效率,还能够为患者带来更为舒适、安全的医疗体验。在这一背景下,机械制造技术中的微型化制造技术显得尤为重要。微型化制造技术,包括微细加工、微装配等,为医疗器械的微型化制造提供了关键的技术支持。微细加工技术能够在微观尺度上对材料进行精确去除、添加或变形,从而制造出尺寸微小、结构精细的医疗器械部件。而微装配技术则能够将这些微小部件精确组装成完整的医疗器械,确保其性能和可靠性。这些微型化制造技术的应用,不仅推动了医疗器械向更小、更轻、更便携的方向发展,还提升了医疗器械的精度和功能性。例如,微型化传感器能够实时监测患者的生理参数,为医生提供更为准确、及时的诊断依据;微型化手术器械则能够在狭小空间内进行精细操作,减少手术创伤和恢复时间。

2.个性化定制技术

在医疗领域,每位患者的病情和需求都是独一无二的,因此医疗器械的个性化定制显得尤为重要,机械制造技术,特别是与增材制造(3D 打印)等技术的结合,为医疗器械的个性化定制生产带来了革命性的变革。通过 3D 打印技术,医生可以根据患者的 CT、MRI 等医学影像数据,精确地打印出与患者解剖结构相匹配的医疗器械原型,如定制的骨科植入物、牙科修复体等,这种快速原型制作的方式不仅大幅缩短了产品的开发周期,还能够在实际手术前进行模拟操作,提高手术的精准度和安全性。增材制造技术还能够实现复杂内部结构的医疗器械的一次性成型,无须传统的多道工序和模具,从而降低了生产成本;该技术还能够根据患者的具体需求,对医疗器械的材料、形状、尺寸等进行个性化调整,确保其完全符合患者的生理特征和临床需求。因此,机械制造技术中的个性化定制技术,特别是与增材制造的结合,为医疗器械的个性化定制生产提供了强有力的技术支持,不仅提升了医疗服务的水平和质量,还体现了现代医疗对患者个体差异化和人性化关怀的高度重视。

机械制造技术是制造业的支柱,是制造企业持续发展的根本动力,是所有技术的重中之重。反观周遭,机械制造技术对人们的影响从衣食住行、身体健康,到文化娱乐,再到国家安全无所不在。制造业的社会功能如图 1-2 所示。

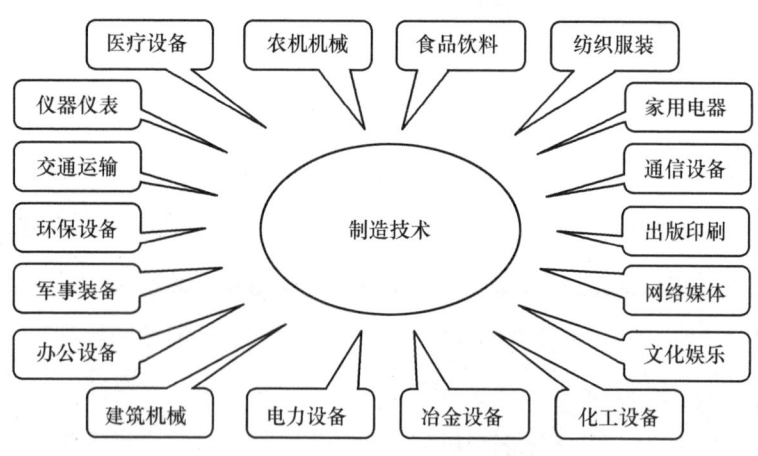

图 1-2 制造业的社会功能

第二章　机械制造基础理论与原理

第一节　机械制造中的物理与化学基础

一、物理基础在机械制造中的应用

(一)力学原理的应用

1.弹性与塑性力学

弹性力学原理允许设计师精确地预测材料在受到外力作用时的变形行为,这种预测能力对于确保零件在使用过程中的稳定性和可靠性至关重要。例如,在弹簧设计中,通过弹性力学原理可以准确计算出弹簧的刚度、变形量以及应力分布,从而保证弹簧在承受载荷时能够正常工作且不易损坏。塑性力学在机械设计中同样扮演着重要角色,它主要研究材料在受到超过弹性极限的载荷时的永久变形行为。这种分析对于理解材料在极端条件下的性能至关重要,如高温、高压或冲击载荷等环境。通过塑性力学分析,设计师可以合理选择材料,优化零件的几何形状和尺寸,以提高零件的承载能力和抗变形能力。此外,塑性力学还为加工工艺提供了有力指导,例如在金属成型过程中,通过控制材料的塑性变形行为,可以获得所需的零件形状和尺寸精度。

2.断裂力学与疲劳分析

断裂力学是机械设计中不可或缺的一环,它深入研究材料裂纹的萌生、扩展直至最终断裂的全过程。在机械零件设计中,断裂力学的应用为预防零件断裂提供了重要的理论依据。设计师可以通过分析材料的断裂韧性和裂纹扩展速率等参数,评估零件在特定工作条件下的断裂风险,并据此优化设计方案,增强零件的安全性和可靠性。疲劳分析同样是机械设计中的重要考量因素。它关注的是材料在循环载荷作用下的性能衰减问题。在机械产品的实际使用过程中,许多零件都会受到周期性或重复性的载荷作用,如发动机的曲轴、齿轮等,长时间的循环载荷会导致材料产生疲劳损伤,进而引发零件的断裂或失效。

3.流体力学与热力学

在机械制造过程中,润滑系统能够确保机械设备的各个部件在运转过程中保持适当的摩擦状态,减少磨损和能量损失;而冷却系统则负责将设备运行过程中产生的热量及时带走,防止设备因过热而损坏。通过流体力学的原理和方法,设计师可以精确计算润滑剂和冷却液的流动特性、压力分布以及传热效率等关键参数,从而确保润滑和冷却系统的性能达到最优状态。热力学在机械制造中同样占据着举足轻重的地位,它主要研究能量转换与传递的规律以及物质热状态的宏观表现。在机械加工过程中,热力学原理有助于设计师合理控制加工过程中的热平衡问题。例如,在金属切削加工中,刀具与工件之间的摩擦会产生大量的热量,如果不及时散热,就会导致刀具磨损加剧甚至工件变形。因此,通过热力学分析可以优化切削参数、选择合适的刀具材料和冷却液等措施来降低加工过程中的温度升高,从而提高加工质量和效率。

(二)电磁学原理的应用

1.电磁感应与电磁驱动

电磁感应原理在机械制造中的应用已经变得越来越广泛,通过这一原理,非接触式测量和信号传输得以实现,大幅提高了机械制造的自动化水平。例如,在生产线上的传感器,利用电磁感应来检测物体的位置、速度和状态,无须物理接触即可准确获取信息。这不仅提高了生产效率,还降低了因接触磨损而导致的误差。电磁驱动技术则为机械制造带来了精密定位和动力传递的解决方案。在传统的机械传动中,由于存在摩擦和磨损,难以保证长期的精准度。而电磁驱动技术通过电磁场的作用,可以实现对机械设备的精确控制,无论是位置定位还是动力传递,都能达到极高的精准度和快速的响应速度。这使得机械设备在运行过程中更加稳定、可靠。

2.电磁兼容性与屏蔽设计

随着电子设备的增多,机械设备所处的电磁环境越来越复杂,为了确保机械设备各部件之间以及机械设备与外部设备之间的正常运作,必须考虑电磁兼容性。通过合理的布局和线路设计,可以减少电磁干扰的产生和传播,保证设备的稳定运行。屏蔽设计也是解决电磁干扰问题的有效手段。敏感电子元件,如传感器、控制器等,很容易受到外部电磁场的干扰。通过采用金属屏蔽罩、接地技术等屏蔽设计措施,可以有效地保护这些元件免受干扰,确保机械设备的正常运作,这种设计不仅提高了设备的抗干扰能力,也延长了设备的使用寿命。

3.超导技术与磁悬浮技术

超导技术的应用为机械制造领域注入了新的活力,超导材料在低温下具有零电阻的特性,这使得电流在传输过程中几乎无损耗。利用超导技术构建的电气系统,不仅效能高,而且损耗低,为机械制造带来了更为节能、高效的解决方案,特别是在需要大电流、高磁场强度的应用场景中,超导技术展现出了显著的优势。磁悬浮技术则是机械制造中的另一项革命性技术,其通过磁场的作用,使物体在空间中实现稳定悬浮和高速运动。在机械制造中,磁悬浮技术被广泛应用于高速列车、精密加工等领域,不仅提高了机械设备的运行速度和精度,还极大降低了摩擦和磨损,延长了设备的使用寿命。磁悬浮技术的广泛应用,无疑推动了高端制造业的快速发展。

(三)声学原理的应用

1.噪声控制与减振设计

在机械制造过程中,噪声控制与减振设计是提升产品品质和工作环境的关键因素,噪声不仅影响操作人员的健康和工作效率,还可能对周围环境造成污染。通过运用声学原理,设计师可以分析设备运行时噪声产生的根源,如机械摩擦、气流扰动等,进而采取相应措施如改进结构设计、使用隔音材料等,有效降低噪声污染,提升工作环境质量。减振设计也是确保机械设备稳定运行的重要环节。振动不仅会导致设备性能下降,还可能引发安全隐患。通过合理的减振设计,如增加阻尼材料、优化支撑结构等,可以有效减少设备在运行过程中的振动,从而保护机械设备的精密部件,延长使用寿命,提高整体性能。

2. 超声检测与无损探伤

超声检测与无损探伤技术在机械制造领域具有广泛的应用价值,利用超声波在材料中传播时遇到缺陷会产生反射、散射等特性,可以准确检测出材料内部的裂纹、气孔等缺陷,为质量控制提供有力依据。这种非破坏性的检测方法不仅适用于金属材料,还可应用于非金属和复合材料等多种材质。通过超声检测,设计师可以在机械制造过程中及时发现并处理潜在的质量问题,确保产品的可靠性和安全性。此外,无损探伤技术还可以用于评估材料的性能,如强度、硬度等,为优化材料选择和加工工艺提供科学依据。

3. 声呐技术与智能识别

声呐技术在机械制造中的应用为自动化生产带来了革命性的变革,通过发射和接收声波信号,声呐系统可以实现对物体的非视觉识别与定位,这在自动化生产线上的物料搬运、装配等环节具有重要意义。例如,在复杂的生产环境中,声呐技术可以帮助机器人准确识别并抓取不同形状、大小的零件,提高生产效率和准确性。此外,声呐技术还可以与其他传感器技术相结合,实现更高级别的智能化功能。通过与视觉传感器、触觉传感器等协同工作,声呐系统可以为机械设备提供更为全面、准确的环境感知能力,从而推动机械制造向更高程度的自动化和智能化方向发展。

二、化学基础对机械制造的影响

(一)材料化学性质的影响

1.金属材料的腐蚀与防护

在机械制造领域,金属材料的腐蚀问题一直是关注的焦点,金属材料的化学性质直接决定了其在不同环境下的腐蚀行为。例如,某些金属在潮湿环境中容易生锈,而在高温或酸性环境下可能遭受更严重的腐蚀。因此,深入了解金属材料的化学性质至关重要。为了预测金属的腐蚀行为,科学家们进行了大量的研究,通过建立模型、实验测试等手段,为实际应用提供了有力支持。基于这些研究,可以采取相应的防护措施,如涂覆防腐漆、选择耐腐蚀性更强的合金材料,或者通过电化学保护技术来减缓腐蚀过程,这些措施确保了机械零件在恶劣环境下的长期稳定运行,延长了设备的使用寿命,降低了维护成本。

2.非金属材料的性能与应用

非金属材料在机械制造中的应用同样不可忽视,这些材料具有独特的化学组成和结构特点,赋予了它们特殊的物理和化学性能。例如,高分子材料因其良好的耐磨性和自润滑性,在制造轴承、密封件等部件时具有显著优势。而陶瓷材料则以其出色的耐高温性能,在发动机部件、切削工具等领域发挥着重要作用。随着科技的进步,对非金属材料的研究也在不断深入。通过改性、掺杂等手段,可以进一步优化这些材料的性能,拓展它们在机械制造中的应用范围。

3.复合材料的制备与性能优化

复合材料是由两种或两种以上不同性质的材料通过化学或物理方法组合而成的新型材料,在机械制造中,复合材料以其高强度、高韧性、轻量化等多元化特点而备受青睐。通过选择合适的基体材料和增强体材料,以及优化制备工艺参数，可以制备出具有特定性能的复合材料。例如，碳纤维增强复合材料（CFRP）就是一种典型的轻量化高强度材料，广泛应用于航空航天、汽车制造等领域。此外，纳米技术的引入也为复合材料的性能优化提供了新的途径，在复合材料中引入纳米粒子，可以显著提升其力学性能、耐热性能等。

(二)加工过程中的化学变化

1.热处理过程中的相变与组织结构调整

热处理是机械制造中不可或缺的一环，它涉及材料的加热、保温和冷却过程，通过这些过程，材料的化学状态和组织结构得以改变。这种改变进而影响到材料的力学性能和工艺性能，使得材料能够更好地满足机械制造的特定要求。例如，钢材经过淬火处理后，其硬度显著提高，适用于制造需要承受高负荷的零件。相变是热处理过程中的核心现象，它指的是材料在加热或冷却过程中，其内部组织结构发生变化，如奥氏体向马氏体的转变。这种转变对材料的性能有着深远的影响。通过精确控制热处理的温度和时间，可以实现对材料性能的精确调控，从而满足机械制造中对材料性能的多样化需求。

2.化学加工与表面改性技术

化学加工和表面改性技术是提升机械零件性能的重要手段，这些技术利用化学或电化学原理，对材料表面进行加工和改性处理，如电镀、化学镀层等。通过这些处理，可以在材料表面形成一层具有特定性能的覆盖层，从而增强机械零件的耐磨性、耐腐蚀性和装饰性。例如，电镀技术可以在金属表面沉积一层金属或合金，这层沉积物具有较高的硬度和耐腐蚀性，能够有效保护基体材料不受外界环境的侵蚀；而化学镀层技术则可以在非金属表面形成一层金属或化合物覆盖层，赋予非金属材料以金属的特性，拓宽了材料的应用范围。

3.焊接与胶接过程中的化学问题

焊接和胶接是机械制造中常用的连接技术，它们能够实现材料之间的牢固连接，然而，在这些过程中，化学反应和界面行为起着至关重要的作用，为了确保接头质量和连接强度满足机械制造的可靠性要求,必须深入研究这些化学问题。在焊接过程中,高温会导致材料之间的化学反应,如金属的氧化、合金元素的烧损等。这些反应会影响焊缝的成分和性能,因此需要通过选择合适的焊接材料和工艺参数来加以控制。而在胶接过程中,胶黏剂与材料之间的界面行为是决定胶接强度的关键因素,为了提高胶接强度,需要选择与材料相容性好的胶黏剂,并优化胶接工艺条件。

(三)环保与可持续发展要求

1.绿色制造与清洁生产技术

随着环保意识的日益增强,绿色制造与清洁生产技术已成为机械制造领域的重要发展方向,这些技术旨在通过采用环保型材料和低污染工艺路线,从源头上减少有害物质的排放和废弃物的产生。例如,使用可生物降解的材料替代传统塑料,或者采用低能耗、低排放的先进制造工艺,都有助于实现绿色制造的目标。实施绿色制造不仅能降低企业对环境的影响,还能提高其竞争力。越来越多的消费者和企业开始关注产品的环保属性,选择那些在生产过程中对环境影响较小的产品。因此,采用绿色制造与清洁生产技术的企业,将更有可能赢得市场份额和消费者信任。

2.资源循环利用与废物处理

资源循环利用和废物处理是机械制造行业实现可持续发展的重要环节,通过化学手段,可以有效地实现废旧机械产品的资源回收和再利用价值挖掘。例如,利用特定的化学方法分离和提纯废旧金属,使其重新变为可用的原材料。这不仅能减少对有限自然资源的依赖,还能降低生产成本。妥善处理有害废物也是至关重要的。这些废物如果处理不当,可能会对环境和人体健康造成严重危害。因此,需要采用安全、高效的化学处理方法来中和、分解或固化这些有害物质,确保其不会对环境和人类造成危害。

3.节能减排技术与新能源应用

在机械制造过程中,推广节能型机械设备和新能源技术是降低能源消耗和碳排放量的有效途径。这些技术包括但不限于高效电机、变频调速技术、太阳能和风能发电系统等。通过使用这些技术,企业可以在保证生产效率的显著降低其运营过程中的能源成本和环境影响。例如,太阳能和风能作为可再生能源的代表,具有巨大的应用潜力。在机械制造厂区内安装太阳能光伏板或风力发电机,不仅可以为企业提供清洁的电力来源,还能帮助其减少对传统能源的依赖和碳排放量。

三、物理与化学基础的融合应用

(一)新型材料研发与应用

1.纳米材料在机械制造中的潜力挖掘

纳米材料作为尺寸在纳米级别的物质,拥有许多不同于宏观材料的独特性质,在机械制造领域,纳米材料展现出了巨大的应用潜力。通过结合物理和化学方法,科学家们能够精确制备出具有特定功能的纳米材料。这些材料在润滑、涂层等方面表现出色,为机械制造行业带来了革命性的变革。在润滑方面,纳米材料因其极小的尺寸和优异的摩擦学性能,能够显著降低机械部件间的摩擦和磨损,从而提高设备的运行效率和使用寿命。而在涂层领域,纳米材料则能够提供超强的硬度、耐腐蚀性和抗刮擦性,有效保护机械零件免受外界环境的侵害。

2.智能材料的设计与实现

智能材料是一种能够感知外部环境变化并作出相应响应的新型材料,在智能制造的浪潮下,智能材料的设计与实现显得尤为重要。通过物理和化学手段,科学家们能够赋予材料自感知、自驱动等智能特性,从而为智能制造提供关键的材料支撑。自感知特性使得智能材料能够实时监测自身的状态和外部环境的变化,如温度、压力、应变等。这种感知能力为智能制造过程中的精确控制和故障预警提供了有力保障。而自驱动特性则使智能材料能够在外部刺激下产生形变或运动,从而实现机械部件的主动调节和自适应功能。智能材料的设计与实现不仅推动了智能制造技术的发展,也为未来机械产品的创新提供了更多可能性,随着研究的不断深入,智能材料有望在机械制造领域发挥更加重要的作用。

3.生物相容性材料在医疗器械中的应用

随着医疗技术的不断进步,对医疗机械设备的安全性和精度要求也越来越高,生物相容性材料作为一种能够与生物体组织良好相容的材料,在医疗机械制造中具有不可替代的地位。结合生物医学需求,研发具有良好生物相容性的新型材料,对于制造高精度、高安全性的医疗机械设备至关重要。这些材料不仅需要具备优异的物理和化学性能,还需满足生物相容性、无毒性和无免疫原性等要求。只有这样,才能确保医疗机械设备在植入或使用过程中不会对患者造成不良影响。生物相容性材料的研发还有助于提高医疗设备的舒适度和使用寿命,从而提升患者的治疗体验和生活质量。

(二)先进加工工艺技术创新

1.激光加工技术的物理与化学基础剖析

激光加工技术的核心在于激光与物质相互作用时所产生的一系列复杂的物理机制和化学效应。深入研究这些机制和效应,对于推动激光切割、焊接等先进加工技术在机械制造中的广泛应用具有重要意义。在物理机制方面,激光的高能量密度使得其与物质相互作用时能够迅速加热材料至熔化或汽化状态,从而实现材料的快速去除或变形。激光的束状特性也保证了加工的精度和可控性。在化学效应方面,激光能够引发材料表面的化学反应,如氧化、还原等,从而改变材料的性质或实现特定功能的加工。

2.电化学加工技术的优化与发展

电化学加工技术是一种利用电化学原理进行材料加工的方法,具有加工精度高、表面质量好等优点,为了不断提升这一技术的性能,科学家们致力于优化和发展电化学加工过程中的关键因素。其中,电流密度分布是影响电化学加工效果的重要因素之一。通过合理设计电极形状、优化电解液流动方式等手段,可以实现更均匀的电流密度分布,从而提高加工精度和稳定性。此外,电解液配方的改进也是电化学加工技术发展的关键。通过研发新型电解液添加剂、调整电解液成分比例等方式,可以进一步提升电化学加工的效率和质量。

3.超声波辅助加工技术的探索与实践

超声波辅助加工技术是一种结合了传统机械加工和超声波技术的创新方法,通过利用超声波在液体中产生的空化效应等物理现象,这一技术能够在传统机械加工过程中实现更高效的材料去除和更优质的表面质量。在超声波辅助加工过程中,超声波的能量被传递到加工区域,引发液体中的微小气泡迅速膨胀和崩溃,这一过程产生的强烈冲击力和微射流能够有效地破坏材料表面的微观结构,从而加速材料的去除速率。超声波的振动作用还能够改善加工过程中的切削力和切削热分布,减少刀具磨损和工件变形等问题,进而提升加工精度和表面质量。

第二节 机械制造的工艺力学原理

一、工艺力学原理的具体内容

(一)受力分析

在机械制造过程中,受力分析占据着举足轻重的地位,它是工艺力学原理的基石,这一分析环节深入探讨了机械零部件在不同工作环境下所承受的各种力,这些力可能来自多个方面,如重力、外部载荷、内部应力等。为了全面理解这些力的作用,需要进行详尽的计算和分析,这涵盖了静力学和动力学两大领域。静力学分析聚焦于零部件在静止或匀速运动状态下力的平衡与分布,而动力学分析则更侧重于零部件在加速、减速或振动等动态过程中的力学行为。通过这些精细的分析,工程师能够洞察零部件在不同工况下的性能表现,进而针对性地优化其结构设计。

（二）材料力学性能

材料的力学性能在机械制造中直接关乎最终产品的质量和性能,工艺力学原理特别关注材料的强度、硬度和韧性等核心指标,这些指标是评估材料能否满足特定工程需求的关键。在加工过程中,这些性能指标会随着温度、应力等因素的变化而发生改变。深入了解这些变化规律,对于精确控制加工过程、预测材料行为至关重要。掌握材料的力学性能,不仅能够帮助工程师更准确地选择合适的加工方法和工艺参数,还能在加工前对可能出现的问题进行预判,从而提前采取措施进行预防。因此,对材料力学性能的深入了解,是确保机械制造质量和效率不可或缺的一环。

（三）工艺过程中的力学问题

在机械制造的复杂工艺过程中,各种力学问题层出不穷,尤其是在切削环节,切削力的大小、分布与变化,直接影响加工的精度和效率。刀具在持续切削过程中不可避免地会出现磨损,不仅影响加工质量,还可能导致生产成本的上升。工艺力学原理正是针对这些问题而提出的,它综合运用力学理论和实验方法,深入探讨切削过程中的力学行为。通过精确分析切削力的产生机制和影响因素,工艺力学原理为优化工艺参数提供了科学依据。此外,该原理还关注刀具设计的改进,旨在提高刀具的耐用性和切削效率。

二、力学原理在机械制造中的应用

（一）机械设计与结构优化

在机械设计这一关键环节,力学原理发挥着不可或缺的作用,它是确保整个机械系统稳定可靠运行的基础所在。通过精确运用力学原理,能够对机械零部件所承受的应力进行细致入微的分析,准确预测在不同工作条件下零部件的变形情况。这种分析与预测的能力至关重要,它不仅帮助工程师们合理确定零部件的尺寸和形状,从而确保其具备足够的强度和刚度,还能在材料选择方面提供有力支持。不同材料在力学性能上有着显著的差异,选择合适的材料对于提高机械系统的整体性能至关重要。此外,力学原理在机械结构的优化设计中也发挥着举足轻重的作用,在追求机械系统高性能的轻量化设计已成为现代机械设计的重要趋势。

(二)机械加工过程控制

在机械加工这一复杂而精细的过程中,力学原理的应用显得尤为关键,它对于提升加工精度和效率具有决定性的影响。切削力和摩擦力等力学因素,是加工过程中不可忽视的重要因素,它们直接作用于工件和刀具,影响着加工的稳定性和刀具的耐用性。切削力的大小和方向,直接关系着切削过程的平稳性和切削效率,过大或过小的切削力,都可能导致加工过程中的振动增加,进而影响工件的表面质量和尺寸精度。通过力学原理的深入分析,工程师们能够更准确地掌握切削力的变化规律,从而合理调整切削参数,如切削深度、进给量等,以达到优化加工过程的目的。摩擦力在加工过程中也扮演着重要角色,不仅影响着刀具与工件之间的接触状态,还是导致刀具磨损的主要原因之一。通过力学原理的指导,可以对刀具进行更科学的设计,如选择合适的刀具材料、优化刀具几何形状等,以减小摩擦力的不利影响,延长刀具的使用寿命。

(三)机械装配与性能评估

机械装配过程不仅仅是简单地将各个零部件组合在一起,而是需要确保它们之间的精确配合和稳固连接,从而保证机械设备的整体性能和可靠性。力学原理在这一阶段的应用,主要体现在对装配过程中的力学行为进行细致入微的分析,包括零部件之间的接触力学、连接件的承载能力以及装配过程中的应力分布等。通过深入了解这些力学特性,工程师们能够确保各零部件在装配过程中实现精确配合,避免出现配合过紧或过松的情况,从而确保机械设备的顺畅运转。此外,在机械设备投入使用后,力学原理的作用并未结束,相反,它在这一阶段的应用更加广泛和深入。利用力学原理,工程师们可以对设备的动态特性进行全面评估,包括振动、冲击等性能指标,以确保设备在各种工况下都能稳定运行。力学原理还用于预测设备的疲劳寿命,帮助制订科学的维护计划,延长设备的使用寿命。

三、机械传动中的力学分析

(一)传动系统的力学模型

在机械传动领域,建立精准的力学模型是确保分析准确性的基石,该模型不仅涵盖了传动系统中各组件之间的相互作用,还深入探究了力的传递路径以及各种约束条件。这种全面而细致的理解,为工程师们提供了一个强大的工具,使他们能够深入洞察传动系统的内在工作机制。通过建立力学模型,工程师们能够模拟传动系统在不同工况下的运行状态,包括各种负载条件、转速变化以及外部环境因素等。通过这种模拟,可以预测传动系统在实际运行中的性能表现,如扭矩传递效率、振动水平以及关键部件的应力分布等。这些预测结果对于优化传动设计、增强系统可靠性具有至关重要的意义。此外,力学模型还允许工程师们对传动系统进行更为精确的评估。通过对比模拟结果与实际测试数据,可以验证设计的合理性,及时发现潜在的问题和不足之处。

(二)传动过程中的动态力学分析

动态力学分析是机械传动领域中的一个关键环节,它专注于探究传动系统在运动过程中的复杂力学行为。这种分析深入剖析了如齿轮啮合、链条或皮带传动等核心传动方式的动态特性,包括它们在不同工作条件下所承受的动态载荷、产生的振动以及可能受到的冲击。在齿轮传动中,动态力学分析能够帮助工程师理解齿轮在啮合过程中的力学变化,如齿面接触应力的分布和变化规律。对于链条或皮带传动,这种分析则能够揭示在传递扭矩过程中张力的波动情况,以及可能出现的滑移或松弛现象。通过精细的动态力学分析,工程师们不仅能够更全面地了解传动系统的性能特点,还能准确识别出系统中可能存在的弱点或不稳定因素。基于这些分析结果,他们可以对传动设计进行有针对性的优化,比如调整齿轮的几何参数、改进链条或皮带的材料选择等,以有效降低振动和噪声水平,增强传动的平稳性和整体可靠性。

(三)传动效率与力学损耗

传动效率作为衡量机械传动性能的关键指标,直接反映了传动过程中能量的有效利用程度,在追求高效、节能的现代机械设计中,提升传动效率显得尤为重要。而要实现这一目标,就必须深入探究力学损耗的根源。力学损耗在传动过程中以多种形式存在,其中摩擦损耗、弯曲损耗和冲击损耗是最为常见的几种。摩擦损耗主要源于传动部件之间的接触摩擦,它不仅消耗了部分输入能量,还可能导致部件的磨损和温升。弯曲损耗则是由于传动轴等部件在承受载荷时发生弯曲变形,从而引起额外的能量消耗。而冲击损耗则常常出现在传动系统启动、停止或变速等动态过程中,由于惯性力的作用,使得系统内部产生瞬间的能量损失。通过深入的力学分析,工程师们能够准确地识别出这些损耗的主要来源,并据此提出针对性的改进措施。例如,优化齿轮的几何参数,如齿形、齿距等,可以有效减小齿轮啮合过程中的摩擦损耗;选用高性能的润滑材料,则能在降低摩擦系数的同时增强传动部件的耐磨性。

四、机械制造中的平衡与稳定性问题

(一)机械平衡的基本原理

机械平衡旨在确保机械设备在运转时,其内部各运动部件所产生的惯性力和惯性力矩能够得到有效平衡。实现机械平衡是减少设备振动、降低噪声、增强运行稳定性和延长使用寿命的关键。机械平衡的基本原理主要包括静平衡和动平衡两大类。静平衡关注的是旋转部件在静止状态下的平衡情况,它要求部件的重心与其旋转轴线重合,从而消除因重心偏移而产生的静不平衡力矩。通过静平衡的调整,可以有效防止设备在启动和停止过程中出现不必要的振动。而动平衡则更为复杂,它考虑的是旋转部件在实际运转过程中的动态平衡问题。由于部件在高速旋转时会产生离心惯性力,若这些力未能得到平衡,将会导致设备产生剧烈的振动和噪声。动平衡的实现需要综合考虑部件的质量分布、旋转速度以及动态力的影响,通过精确的计算和平衡技术的运用,使得旋转部件在动态条件下达到平衡状态。

(二)机械制造中的稳定性分析

稳定性分析在机械制造领域中具有举足轻重的地位,它是确保设备在各种复杂工况下都能实现稳定运行的关键环节,这一分析过程不仅涉及设备整体结构的稳定性评估,还包括对运动部件以及控制系统的深入探究。在设备结构稳定性方面,分析的重点在于识别可能存在的结构缺陷或弱点。这包括但不限于材料的疲劳特性、连接部件的可靠性以及整体结构的刚度与强度。通过精密的计算和模拟,工程师们能够准确评估结构在各种载荷条件下的稳定性表现,从而及时发现并改进潜在问题。对于运动部件的稳定性分析,则更侧重于部件在运动过程中的动态行为。这包括运动轨迹的精确性、速度与加速度的控制以及可能出现的运动干涉等问题。通过优化部件的设计和运动参数,可以有效增强运动部件的稳定性,减少因振动、冲击等因素导致的性能下降或故障。此外,控制系统的稳定性也是不可忽视的一环,一个稳定的控制系统能够确保设备在受到外部干扰或内部参数变化时仍能保持预期的运行状态,通过稳定性分析,工程师们可以评估控制系统的鲁棒性,并采取相应的措施来提高其抗干扰能力。

(三)增强机械制造平衡与稳定性的方法

优化设备结构设计是提高平衡与稳定性的基础,通过增强结构的刚度和强度,设备能够更好地抵抗外部载荷和内部应力,从而减少变形和振动。这不仅增强了设备的静态稳定性,也为其动态性能奠定了坚实基础。选用高性能材料同样至关重要。这些材料具有优异的力学性能和耐久性,能够有效减轻运动部件的质量,从而降低惯性力和振动幅度。例如,采用高强度合金或复合材料,可以在保证结构强度的同时显著降低设备的整体重量。合理配置轴承和支承结构也是关键一环。它们不仅支撑着设备的运动部件,还起着传递载荷和减震的作用。通过精确选择和布置轴承类型、尺寸以及支撑结构的形式和位置,可以有效降低振动传递,增强设备的运行平稳性。此外,采用先进的控制系统对于实现精确的运动控制和稳定性调节至关重要,这些系统能够实时监测设备的运行状态,并根据预设算法迅速作出调整,以确保设备在各种工况下都能保持最佳性能。

第三节 机械制造的精度与质量控制理论

一、机械制造精度基础

(一)精度的定义与分类

1.精度的定义

精度在机械制造领域,通常指的是零件的实际尺寸、形状和位置与理想状态之间的符合程度。它是衡量机械产品制造质量的重要指标。根据控制对象的不同,精度可以分为尺寸精度、形状精度和位置精度。

2.精度的分类

(1)尺寸精度

尺寸精度指的是零件的实际尺寸与设计尺寸之间的接近程度,在机械制造中,零件的尺寸精度直接影响其装配性能和使用效果。例如,轴类零件的直径尺寸精度不足,可能导致装配时出现过紧或过松的情况,影响整机的正常运转。

（2）形状精度

形状精度是指零件的实际形状与理想形状之间的吻合度。形状精度的高低直接关系着零件的工作性能和耐久性。例如，齿轮的形状精度若不达标，将影响其传动效率和啮合平稳性，甚至可能导致早期磨损和失效。

（3）位置精度

位置精度则是指零件上各要素（如孔、槽、凸台等）之间实际位置与理想位置之间的偏差情况。位置精度的控制对于确保零件的装配精度和使用性能至关重要。例如，箱体类零件上各轴承孔的位置精度若不能保证，将导致装配后轴承的同轴度超差，进而影响整机的运行平稳性和使用寿命。

（二）精度标准与公差

为了统一衡量和评价机械零件的精度水平，人们制定了一系列的精度标准和公差规定。这些标准和公差是机械制造过程中进行质量控制的重要依据。精度标准通常包括国家标准、行业标准和企业标准等，它们详细规定了各类零件在不同精度等级下的尺寸、形状和位置公差的允许范围。公差则是实际参数值的允许变动量，它反映了零件制造过程中的经济性和技术水平的综合平衡。

（三）精度与产品质量的关系

精度与产品质量之间存在着密切的关系，一方面，高精度的零件和组件是确保机械产品质量的基础。只有当零件的尺寸、形状和位置精度得到有效控制时，才能保证整机的装配精度、运行平稳性和使用寿命；另一方面，产品质量的提高也对精度控制提出了更高的要求。随着科技的不断进步和市场竞争的日益激烈，用户对机械产品的性能和质量要求越来越高，这就要求制造商在精度控制上不断追求卓越，以满足市场需求。

二、机械制造过程中的精度影响因素

(一)机床精度

机床精度在机械制造过程中占据着举足轻重的地位,它直接关系着产品的最终精度和质量。机床的几何精度、运动精度以及热变形与振动等因素,都会对加工零件的精度产生深远影响。几何精度是机床精度的基础,它涉及机床各部件之间的相对位置和形状精度。例如,导轨的直线度决定了刀具在移动过程中的稳定性,而主轴的回转精度则影响工件的旋转平稳性。这些几何精度的要素必须得到严格控制,以确保加工过程的准确性和稳定性。运动精度则是机床在动态状态下所表现出的精度特性。它主要涉及机床在运动过程中的定位精度和重复定位精度。定位精度是指机床能够准确地将刀具或工件移动到预定位置的能力,而重复定位精度则反映了机床在多次执行相同操作时的稳定性。这些运动精度的指标对于保证加工零件的一致性和互换性至关重要。此外,机床在长时间运转过程中产生的热变形和振动也是不可忽视的精度影响因素,热变形是由于机床内部热源和外部环境温度变化所引起的机床部件形状和位置的变化,它会导致加工零件的尺寸和形状发生偏差;而振动则可能来源于机床本身的不平衡、切削力的波动或外部激励等,它会对加工过程造成干扰,降低加工精度和表面质量。

(二)工艺系统误差

工艺系统误差是机械制造过程中不可忽视的一环,它涵盖了由于夹具、刀具以及测量设备等多种因素所引发的误差。夹具作为固定工件的重要工具,其设计、制造和安装过程中的任何偏差都可能被传递到被加工的零件上。例如,夹具的定位不准确或夹紧力不足,都可能导致工件在加工过程中出现移位或变形,进而影响零件的形状和位置精度。因此,夹具的精度控制至关重要,必须确保其能够满足加工过程中的稳定性和准确性要求。刀具作为直接与工件接触并执行切削任务的部件,其制造误差和磨损误差同样不容忽视。刀具的制造误差可能源于材料的不均匀性、加工工艺的不稳定性等因素,而磨损误差则随着刀具使用时间的延长而逐渐显现,这些误差会直接影响刀具的切削性能和工件的加工精度,因此必须定期对刀具进行检测和更换,以确保其处于良好的工作状态。测量设备在机械制造过程中也扮演着举足轻重的角色,然而,由于设备的精度限制、使用方法不当或环境因素等原因,测量误差时有发生,这些误差不仅会影响对零件精度的准确评估,还可能导致后续加工步骤的失误和最终产品的不合格。

(三)加工过程中的物理与化学因素

在机械制造的加工过程中,物理与化学因素共同作用于零件,对其精度产生显著影响。这些因素虽各具特点,但它们的存在和变化都直接关系加工过程的稳定性和最终产品的质量。物理因素中,切削力和切削热是两个尤为重要的方面。切削力是刀具在切削工件时所受到的阻力,它的大小和方向直接影响到刀具和工件的相对位置。当切削力发生变化时,如增大或减小,都可能导致刀具的偏移或工件的变形,从而改变零件的形状和尺寸。因此,在加工过程中必须严格控制切削力,确保其处于合理的范围内。在此切削过程中产生的热量也是一个不可忽视的物理因素。切削热主要来源于刀具与工件之间的摩擦和切削变形所产生的能量转化。这些热量会导致工件和刀具发生热变形,进而影响加工精度。特别是在高速切削或加工难切削材料时,切削热的影响更为显著。为了减少切削热对加工精度的不利影响,可以采取一系列措施,如选用合适的切削参数、使用冷却液进行降温等。除了物理因素外,化学因素也在加工过程中发挥着重要作用。材料的化学性质变化,如硬度、韧性等的改变,都可能对零件的精度造成影响。例如,某些材料在加工过程中可能发生氧化反应,导致表面硬度增大。

三、机械制造精度控制方法

(一)误差预防技术

误差预防技术通过一系列精心的措施,旨在从源头上减少或消除加工过程中可能产生的误差,从而确保产品的最终精度和质量。合理选择机床与工艺装备是误差预防技术的首要环节。在选择机床时,制造商必须充分考虑其几何精度、运动精度以及整体稳定性。这些因素直接关系着机床在加工过程中的准确性和可靠性。只有确保机床本身具备足够的精度,才能为后续加工提供坚实的基础。优化加工工艺参数同样至关重要。切削速度、进给量和切削深度等参数的选择,都会直接影响切削力和切削热的产生。过大的切削力或切削热可能导致工件变形或刀具磨损,进而降低加工精度。因此,通过科学合理地调整这些参数,制造商可以有效地减少不利因素对加工精度的影响。此外,提高夹具与刀具的制造精度也是预防误差的关键所在。夹具和刀具作为加工过程中的重要辅助工具,其精度直接关系着工件的定位准确性和切削效果。高精度的夹具能够更稳固地固定工件,减少加工过程中的移位和振动;而高精度的刀具则能够更精确地执行切削任务,确保工件的尺寸和形状达到预期要求。

(二)误差补偿技术

误差补偿技术作为机械制造精度控制的另一大利器,发挥着不可或缺的作用,该技术通过实时检测、分析和补偿加工过程中产生的误差,确保产品的最终精度满足设计要求。在线测量与反馈控制技术是误差补偿技术的核心之一。在加工过程中,通过在线测量设备实时监测零件的尺寸和形状变化,制造商能够及时发现并纠正偏差。这种实时的反馈机制使得加工过程更加灵活可控,有效避免了因误差累积而导致的产品质量下降。数控系统中的误差补偿功能同样具有显著效果。根据预先设定的补偿算法,数控系统能够自动调整刀具的运动轨迹或加工参数,以抵消误差对加工精度的影响。这种智能化的补偿方式不仅提高了加工效率,还确保了产品的稳定性和一致性。随着科技的飞速发展,人工智能技术在误差补偿中的应用也日益广泛。利用神经网络等先进算法,制造商可以对加工误差进行更精确的预测和补偿。

四、机械制造中的质量控制方法

(一)统计过程控制

统计过程控制是一种利用统计技术对生产过程进行监控和调整的方法,旨在确保产品质量稳定并符合预设标准。在机械制造中,统计过程控制通过对生产数据进行收集、整理和分析,及时发现生产过程中的异常波动,从而采取相应的措施进行调整和改进。这种方法能够帮助企业实现生产过程的可视化和量化管理,提高生产效率,增强产品质量稳定性。实施统计过程控制需要建立完善的数据收集和分析系统,培训专业的统计技术人员,以确保准确有效地运用统计技术来指导生产实践。

(二)工序能力分析

工序能力分析是评估生产过程在一定条件下实现产品质量要求的能力的方法,通过对工序的加工质量特性进行统计分析,确定工序能力指数,以衡量工序的内在一致性和稳定性。在机械制造中,工序能力分析对于确保各道工序的加工质量至关重要。通过工序能力分析,企业可以了解工序的实际加工能力,发现工序中的薄弱环节,并针对性地采取措施进行改进。工序能力分析还可以为产品设计和工艺改进提供有力的数据支持,推动企业实现持续的质量提升。

(三)质量检验与抽样技术

质量检验是机械制造过程中确保产品质量符合设计要求的关键环节,通过质量检验,企业可以及时发现并处理不合格品,防止其流入市场,从而维护企业的声誉和客户的利益。在质量检验中,抽样技术发挥着重要作用。合理的抽样方案能够确保检验结果的代表性和可靠性,降低检验成本和时间消耗。机械制造企业需要建立完善的质量检验体系,明确检验标准和程序,培训专业的检验人员,并运用先进的抽样技术来提高质量检验的效率和准确性。

(四)持续改进与质量管理体系

持续改进是机械制造企业实现质量提升和竞争力增强的核心策略,其强调在企业的各个层面和环节中不断寻求改进机会,通过实施改进措施来消除问题根源,提高产品质量和生产效率。为了实现持续改进,企业需要建立全面的质量管理体系,将质量管理融入企业的战略规划和日常运营中。质量管理体系应包括明确的质量目标、完善的质量策划、有效的质量控制和质量保证机制,以及持续改进的循环过程。通过持续改进和质量管理体系的有机结合,机械制造企业可以不断提升产品质量水平,满足客户需求,赢得市场认可。持续改进还能够推动企业的创新和发展,为企业在激烈的市场竞争中立于不败之地奠定坚实基础。

五、精度与质量控制的实践应用

(一)数控机床的精度控制

在实践中,数控机床的精度控制主要体现在机床本身的制造精度、控制系统的稳定性以及加工过程中的动态调整能力。为了确保机床的制造精度,需要采用高精度的加工工艺和严格的装配流程。控制系统的稳定性也是关键,它决定了机床在长时间运行过程中的精度保持能力。此外,加工过程中的动态调整技术,如误差补偿和实时反馈控制,能够进一步提高加工精度。通过这些措施的综合应用,数控机床能够实现高精度的加工,满足现代制造业对产品质量的高要求。

(二）超精密加工技术

超精密加工技术是机械制造领域追求极致精度的一种体现，它主要应用于对精度要求极高的场合，如光学元件、半导体器件等。这类技术通常涉及特殊的加工方法、高精度的测量技术以及精密的环境控制。在加工方法上，可能会采用研磨、抛光等精细工艺来去除材料，以达到所需的形状和精度。高精度的测量技术也是不可或缺的，它能够提供加工过程中实时的反馈，确保加工精度的达成。此外，由于超精密加工对环境的敏感度极高，还需要精密的环境控制系统来消除外部干扰。通过这些技术的综合运用，超精密加工技术能够实现纳米甚至亚纳米级别的加工精度，为现代科技的发展提供有力支持。

（三）智能制造与质量控制

智能制造是近年来机械制造领域的重要发展趋势，它将信息技术、自动化技术与制造技术深度融合，实现了制造过程的智能化和柔性化。在智能制造的背景下，质量控制也迎来了新的发展机遇。通过引入先进的数据分析技术、机器学习算法以及物联网技术，智能制造系统能够实时监控生产过程中的质量数据，及时发现并处理异常情况。智能制造系统还能够根据历史数据和实时反馈优化生产工艺参数，提高产品质量和生产效率。此外，借助智能制造平台的协同能力，企业可以实现供应链、生产链和质量链的无缝对接，进一步增强质量控制的全局性和有效性。

第三章　机械制造工艺与装备

第一节　铸造与锻造工艺及其装备

一、铸造工艺概述

(一)铸造工艺的定义与特点

1.铸造工艺的定义

铸造是将液态金属精心浇注入预先设计好的铸型型腔中,随着时间的推移,金属在铸型内缓缓冷却并逐渐凝固。这一过程不仅需要精确控制温度和时间,更要求对金属材料的特性有着深入的了解。最终,液态金属完全凝固后,便可从铸型中脱模,得到一个具有特定形状、尺寸和优异性能的金属零件或毛坯。铸造工艺不仅适用于生产各种复杂形状的零件,更能通过调整铸造工艺参数,实现金属材料性能的优化与提升。

2.铸造工艺的特点

(1)适应性广:几乎可以制造各种形状、尺寸和重量的铸件。

(2)材料来源广泛:适用于多种金属材料,如铸铁、铸钢、有色金属等。

(3)成本较低:对于复杂形状或大型零件,铸造通常比其他成形方法更经济。

(4)组织性能改善:通过铸造过程中的冷却凝固,可以获得特定的金属组织和性能。

(二)铸造工艺的主要步骤

1. 模具设计与制造

模具设计与制造是铸造工艺的首要环节,在这一步骤中,工程师需要根据零件的形状、尺寸以及使用要求,进行详尽的模具设计。这不仅包括确定型腔的形状和尺寸,还需考虑分型面、浇注系统以及排气系统等因素。随后,利用专业的制造设备和技术,将设计转化为实际的模具,为后续的铸造过程奠定坚实基础。

2. 熔炼与浇注

熔炼与浇注环节至关重要,它直接关系着铸件的质量,在此阶段,金属材料被加热至液态,为了确保金属液的纯净度,还需要进行脱气、除渣等精细处理。随后,液态金属被精确地浇注入预先准备好的铸型型腔中。这一过程要求操作人员具备高超的技艺和严谨的态度,以确保浇注的准确性和均匀性。

3. 冷却与凝固

液态金属在铸型中逐渐冷却,并经历相变过程,最终凝固成固态的铸件。这一过程中,冷却速度的控制至关重要,它直接影响铸件的组织结构和性能。因此,操作人员需密切关注冷却过程中的温度变化,并采取必要的措施以确保铸件质量。

4. 落砂与清理

落砂与清理是铸造工艺的后续步骤,待铸件完全冷却后,需要从铸型中将其取出。这一过程称为落砂,它要求操作人员小心谨慎,以避免对铸件造成损伤。随后,铸件还需经历去除浇冒口、毛刺等清理工作,以使其表面光洁、尺寸精确。这些细致的清理工作为铸件的后续加工和使用提供了有力保障。

5. 热处理与检验

热处理与检验是铸造工艺的收尾环节,为了改善铸件的组织和性能,需要对其进行必要的热处理,如退火、正火等。这些热处理过程能够消除铸件内部的应力、细化晶粒,并增强其力学性能和耐腐蚀性。最后,铸件还需经过严格的质量检验,以确保其符合设计要求和使用标准。

(三)铸造工艺的材料选择

1.金属材料选择

在铸造工艺中,金属材料的选择至关重要,这一选择主要基于铸件的使用要求和性能要求。例如,铸铁因其良好的铸造性能和减震能力,常被用于制造机床床身、发动机缸体等;铸钢则因其高强度和韧性,适用于承受重载或冲击的零件。而铝合金因其轻质、耐腐蚀的特点,在航空航天、汽车等领域有广泛应用。因此,在金属材料选择时,必须充分考虑铸件的工作环境、载荷条件以及使用寿命等因素,以确保所选材料能够满足铸件的性能要求。

2.铸型材料选择

铸型材料的选择同样对铸造工艺具有重要影响,铸型材料的选择应根据金属材料的熔点和铸件形状的复杂度来决定。例如,砂型因其成本低廉、适应性强,被广泛应用于各种金属材料的铸造中;金属型则因其导热性好、耐磨性强,适用于大批量生产高精度铸件。而陶瓷型因其耐高温、化学稳定性好,常用于铸造高温合金或特殊材料的铸件。在选择铸型材料时,还需考虑其对铸件表面质量、尺寸精度以及内部组织的影响,以确保铸件的整体质量。

3.辅助材料选择

在铸造过程中,辅助材料的选择同样不可忽视,这些辅助材料包括熔剂、涂料等,它们在铸造过程中起着至关重要的作用。例如,熔剂的使用可以有效去除金属液中的杂质,提高铸件的纯净度和性能;而涂料则可以增强铸型的耐火性和透气性,防止铸件产生气孔、夹渣等缺陷。在选择辅助材料时,应根据铸造工艺的具体要求和铸件的性能需求进行综合考虑,以确保所选材料能够充分发挥其作用,提高铸件的质量和生产效率,还需要关注辅助材料对环境保护和安全生产的影响,选择符合相关标准和规定的环保、安全型辅助材料。

二、铸造装备与技术

(一)铸造装备的种类与功能

铸造装备是铸造工艺中不可或缺的组成部分,其种类繁多,每种装备都承担着特定的功能。熔炼设备,作为铸造过程中的重要环节,其主要功能是将金属材料加热至液态,为后续浇注工作奠定基础。这一过程中,熔炼设备需要确保金属材料的纯净度和温度控制,以保证铸件的质量。造型设备在铸造过程中同样发挥着关键作用。它们负责制造出具有特定形状和尺寸的铸型,这是确保铸件形状准确性的关键步骤。造型设备需要具备高精度和高效率的特点,以满足不同铸件的生产需求。浇注机是控制液态金属浇注速度和量的重要装备。在浇注过程中,浇注机需要精确控制金属液的流量和速度,以确保铸件内部组织的均匀性和致密性。落砂机则用于去除铸件表面的砂粒,提高铸件的表面质量。此外,热处理设备和清理设备也是铸造生产线中不可或缺的部分,热处理设备用于对铸件进行必要的热处理,以改善其组织和性能;而清理设备则负责清理铸件表面的杂质和毛刺,使其达到设计要求。

(二)先进的铸造技术装备介绍

随着科技的不断进步,铸造技术装备也在不断创新和发展,数控造型机作为其中的佼佼者,通过引入计算机技术控制造型过程,大幅提高了铸型的精度和生产效率。这种装备能够实现复杂形状铸型的快速制造,为铸造行业的发展带来了革命性的变化。智能浇注系统则是另一项引人注目的先进技术。该系统能够实时监测液态金属的温度和流动状态,并根据实际情况进行调整,确保浇注的准确性和稳定性。这种智能化技术的应用,不仅提高了铸件的质量,还降低了生产过程中的能耗和废品率。

(三)铸造过程中的自动化技术

通过引入自动化生产线和智能控制系统,铸造企业能够实现铸造装备的自动化操作和生产过程的智能化管理,从而提高生产效率、降低人工成本,并确保产品质量。自动化生产线能够实现铸造过程中各个环节的自动衔接和协同作业。从金属材料的熔炼到铸型的制造,再到浇注、冷却、落砂和清理等后续环节,自动化生产线能够精确控制每个步骤的参数和操作,确保生产过程的稳定性和一致性。这不仅提高了生产效率,还降低了人为因素导致的质量波动。智能控制系统的应用进一步提升了铸造过程的智能化水平。该系统能够实时监测生产过程中的各项数据,如温度、压力、流量等,并根据预设的工艺参数进行自动调整和优化。

三、锻造工艺简介

(一)锻造工艺的基本原理

1.塑性变形原理

锻造工艺的核心在于充分利用金属材料的塑性变形特性,在锻造过程中,通过对金属材料施加一定的压力或冲击力,金属内部的晶粒结构会发生滑移和重组,进而实现宏观上的形状改变。这种塑性变形不仅使得金属按照人们的需求被塑造成各种复杂的形状和尺寸,更重要的是,还能有效地改善金属材料的内部组织结构。经过锻造处理后的金属,其晶粒更加细小均匀,内部缺陷和杂质得到减少或重新分布,从而显著提高了材料的力学性能和使用寿命。

2.温度与变形关系

在锻造工艺中,温度是一个至关重要的参数,金属材料的塑性变形能力与温度之间存在着密切的关系。一般来说,随着温度的升高,金属原子的热运动加剧,晶格之间的结合力减弱,使得金属更容易发生塑性变形。因此,在锻造过程中,通常需要将金属材料加热到一定的温度范围内,以降低其变形抗力,提高塑性变形的效率和质量。合理的温度控制还能够避免金属在锻造过程中因温度过低而产生裂纹或断裂等缺陷。通过精确控制加热温度、保温时间和冷却速率等工艺参数,可以确保金属材料在锻造过程中获得最佳的塑性变形效果和组织性能。

(二)锻造工艺的分类与特点

1.自由锻造

自由锻造,简称自由锻,是一种古老且直接的金属加工技术。在这种工艺中,不使用特定的模具,而是依赖锻工的经验和技巧,通过锻锤或压力机对金属坯料进行逐步的塑性变形,以达到所需的形状。这种方法的灵活性极强,特别适用于那些需要定制或形状较为简单的锻件。由于无须制作模具,因此特别适合于单件或小批量生产,然而,正因为其不依赖模具,自由锻造的精度相对较低,且生产效率也受到一定限制。此外,这种工艺对锻工的技术要求较高,需要有丰富的经验和精湛的技能。

2.模型锻造

模型锻造又称为模锻,是一种利用模具来控制金属变形过程的锻造方法。在这种工艺中,金属坯料被精确地放置在预先设计好的模具中,随后通过施加巨大的压力使金属充满模具的形腔,从而获得精确的形状和尺寸。模型锻造能够生产出形状复杂、尺寸精确的锻件,非常适合于大批量生产。由于模具的精确控制,这种工艺的生产效率极高,且产品质量稳定。然而,高精度模具的制造和维护成本也相对较高,且一旦模具损坏或需要更换,将带来额外的成本和时间消耗。

3.特殊锻造方法

除了上述两种常见的锻造方法外,还存在一些特殊的锻造技术,如辊锻、楔横轧等。这些技术通常针对特定的金属材料或特定形状的产品进行开发,具有独特的变形原理和工艺流程。例如,辊锻主要用于生产长条形的锻件,如钢筋、钢轨等。在辊锻过程中,金属坯料通过一对或多个旋转的轧辊,逐步被压延成所需的形状。而楔横轧则主要用于生产轴类零件,如汽车轴、机床主轴等。在楔横轧过程中,金属坯料在两个带有楔形槽的轧辊之间被轧制,从而形成轴类零件的基本形状。这些特殊锻造方法的应用进一步丰富了锻造工艺的多样性，提高了其对不同材料和产品形状的适应性。这些技术也推动了锻造行业的技术创新和进步。

四、锻造装备与技术

（一）锻造装备的结构与工作原理

锻造装备是锻造工艺中不可或缺的重要组成部分，其结构复杂且精细，包括机架、动力系统、控制系统和执行机构等。机架作为整个装备的支撑基础，承受着锻造过程中的各种力和振动。动力系统为装备提供动力，驱动执行机构进行锻造操作。控制系统则负责监控和调整锻造过程中的各项参数，确保锻造质量和效率；执行机构是直接作用于金属材料的部件，通过施加压力或冲击力使金属发生塑性变形。锻造装备的工作原理是基于塑性变形原理，通过合理的结构和参数设置，实现金属材料的高效、精确锻造。

（二）锻造装备的性能参数与选择依据

锻造装备的性能参数是评价其工作能力和适用范围的重要指标，包括锻造力、锻造速度、行程、精度等。锻造力是指装备能够施加给金属材料的最大压力，它决定了装备能够锻造的金属种类和规格。锻造速度则影响着生产效率和金属材料的变形速率。行程是指执行机构的移动范围，它限制了锻造件的最大尺寸。精度则反映了装备在锻造过程中的稳定性和准确性。在选择锻造装备时，需根据具体需求和生产条件综合考虑各项性能参数，以确保所选装备能够满足生产要求并提高经济效益。

（三）锻造装备的创新与智能化发展

随着科技的不断进步，锻造装备正朝着创新和智能化的方向发展，一方面，新材料、新工艺的应用使得锻造装备的结构更加紧凑、耐用，提高了其使用寿命和可靠性。另一方面,智能化技术的引入使得锻造装备具备了更高的自动化程度和智能决策能力。例如,通过集成传感器、控制系统和数据分析技术,锻造装备能够实时监测和调整锻造过程中的温度、压力等关键参数,确保锻造质量和效率。此外,智能化装备还能够实现远程监控和故障诊断,降低了维护成本并提高了生产效率。

第二节　焊接与切割工艺及其装备

一、焊接工艺概述

(一)焊接工艺的概念

焊接是通过巧妙运用加热、加压或两者结合的方式,使得两个或多个金属材料在接触面处实现原子级别的紧密结合,进而融为一体。这种工艺方法不仅在制造业中占据着举足轻重的地位,更是金属结构连接与修复领域不可或缺的关键环节。在焊接过程中,金属材料经历了从固态到液态再到固态的相变过程,最终在接头处形成了与母材性能相近或相符的焊缝。这一技术的广泛应用,不仅增强了产品的结构强度和整体性能,还极大地推动了制造业的发展与进步,无论是桥梁建筑、船舶制造,还是航空航天、能源化工,焊接工艺都发挥着至关重要的作用,为现代工业文明的繁荣做出了巨大贡献。

(二)焊接工艺的分类与特点

1.熔化焊

熔化焊作为一种常见的焊接方法,其核心原理在于通过加热使待焊接的金属局部达到熔化状态,随后在冷却过程中凝固,从而形成坚实的焊缝。这一过程中,焊接接头经历了高温熔化和快速冷却的阶段,使得接头部分与母材在结构和性能上达到高度一致,确保了焊接的牢固性和密封性。正是基于这些优点,熔化焊在各类金属结构的连接中得到了广泛应用,特别是在对焊接强度和密封性要求极高的场合。然而,熔化焊也存在一定的局限性。焊接过程中金属经历了高温熔化和快速冷却,很容易在焊接接头附近产生应力和变形,这种焊接变形和残余应力的存在,可能会对接头的性能和整个结构的稳定性造成不良影响。因此,在进行熔化焊时,需要严格控制焊接参数和操作过程,以最小化这些不利因素的影响。

2.压力焊

压力焊是一种在焊接过程中对焊件施加压力的焊接方法,这种压力可以是在加热状态下施加,也可以在不加热的情况下进行。通过施加足够的压力,使得焊件之间的接触面达到原子间的紧密结合,从而实现焊接的目的。压力焊的一个显著特点是焊接接头强度高,这得益于焊接过程中金属材料的塑性变形和原子之间的充分扩散。压力焊通常用于焊接厚度较大的金属板,因此在重型制造业和结构工程中具有广泛的应用前景。然而,这种焊接方法也存在一些挑战。一方面,压力焊所需的设备投资较大,对焊接设备的性能和精度要求较高;另一方面,焊接参数的选择和控制也是一项复杂而精细的任务,需要丰富的实践经验和专业知识。

3.钎焊

钎焊是一种利用低熔点金属材料作为钎料,通过加热使钎料熔化并填充接头间隙的焊接方法。在钎焊过程中,焊件和钎料被加热到高于钎料熔点但低于母材熔点的温度,这样既可以保证钎料的充分熔化,又避免了母材的熔化。液态的钎料在毛细作用下润湿母材表面,填充接头间隙,并与母材发生相互扩散,从而实现焊件之间的牢固连接。钎焊的优点在于其适用于异种金属之间的焊接,且焊接接头平滑美观。钎焊过程中母材不熔化,因此可以避免一些与熔化焊相关的焊接缺陷和问题。然而,钎焊接头的强度相对较低,这主要是由于钎料与母材之间的性能差异以及焊接过程中可能存在的界面反应等因素导致的,因此,在选择钎焊作为连接方式时,需要综合考虑接头的强度要求和使用环境等因素。

二、焊接装备与技术

(一)焊接装备的种类与功能

1.焊机

焊机作为焊接工艺中的核心装备,发挥着至关重要的作用,它主要提供稳定的焊接电流和电压,确保焊接过程的顺利进行。根据焊接工艺的不同需求,焊机可分为多种类型,其中电弧焊机和气体保护焊机是两种常见的代表。电弧焊机通过产生高温电弧来熔化焊条和焊件,进而形成坚固的焊缝。这种焊机在焊接过程中能够提供持续且稳定的电弧,确保焊接质量和效率。而气体保护焊机则在焊接过程中提供保护气体,有效防止焊缝受到氧化和污染,从而确保焊接接头的质量和性能。在选择焊机时,需要考虑焊接工艺的具体需求、焊机的性能参数以及使用环境的因素,适合的焊机不仅能提高焊接质量和效率,还能降低焊接成本,为焊接工作的顺利进行提供有力保障。

2.焊枪与焊钳

焊枪和焊钳是焊接过程中不可或缺的装备,它们主要用于夹持焊条或焊丝,并精确控制焊接电弧。焊枪在气体保护焊和等离子弧焊等工艺中发挥着重要作用,其设计使得焊工能够精确地控制焊接位置和焊接速度,确保焊缝的准确性和美观性。而焊钳则多用于手工电弧焊中,其结构简单、操作便捷,便于焊工随时调整焊接参数,实现灵活多样的焊接需求。这些装备在设计和制造过程中都充分考虑了人体工程学原理和使用的便捷性,旨在增强焊接的精确性和降低焊工的劳动强度。

3.焊接辅助装备

焊接辅助装备在焊接过程中同样扮演着重要角色,它们为焊接工作提供必要的支持和辅助,确保焊接过程的顺利进行。其中,焊接变位机是一种能够调整焊件位置和角度的装备,使得焊工可以轻松地进行各个方向的焊接操作。

这种装备极大提高了焊接的灵活性和工作效率,尤其适用于大型或复杂焊件的焊接。而焊接操作台则为焊工提供了一个稳定且舒适的工作平台,使得焊接过程更加平稳和可靠。操作台通常配备有各种便捷的工具和设备,方便焊工随时取用,从而进一步提高工作效率。这些辅助装备的存在不仅提升了焊接工作的便捷性和舒适性,还在一定程度上保障了焊接质量和安全。在现代制造业中,随着焊接技术的不断发展和进步,焊接辅助装备的种类和功能也将不断丰富和完善,为焊接工作的顺利进行提供更加全面的支持。

(二)先进的焊接技术装备介绍

1.激光焊接装备

激光焊接装备,作为现代焊接技术的一大革新,以其高精度、高速度和高自动化的特点,正逐渐在制造业中占据重要地位。这种装备利用高能激光束作为热源,通过精确聚焦,实现微小焊缝的精确连接。在焊接过程中,激光束的高能量密度使得焊接速度大幅提升,同时热影响区小,减少了材料的变形和损伤,因此特别适用于对精度要求极高的精密零件焊接。此外,激光焊接装备还具备远程控制和智能化操作的功能。这意味着焊工可以通过远程控制系统,对激光焊接装备进行精确操控,不仅提高了生产效率,还降低了人工操作的难度和风险。智能化操作系统能够实时监测焊接过程中的各项参数,确保焊接质量的稳定性和可靠性。

2.机器人焊接系统

机器人焊接系统是现代工业自动化和智能化发展的重要成果,它通过编程控制机器人进行焊接操作,不仅显著提高了生产效率,还降低了人工成本,为企业带来了可观的经济效益。更为重要的是,机器人焊接系统能够在恶劣环境下进行焊接作业,有效保障了焊工的人身安全。这种系统的核心在于其高精度的定位和稳定的焊接性能。通过先进的编程技术和传感器技术,机器人能够精确地识别焊件的位置和形状,实现精确的焊接操作。机器人焊接系统还具备强大的环境适应能力,能够在各种复杂条件下保持稳定的焊接质量。

3.数字化焊接技术

数字化焊接技术利用先进的计算机技术和传感器技术,对焊接过程进行实时监控和数据分析,从而优化焊接参数,显著提高焊接质量。这种技术的出现,为现代制造业带来了革命性的变革。通过数字化焊接技术,焊工可以精确地控制焊接过程中的温度、速度和压力等关键参数。这不仅确保了焊缝的一致性和可靠性,还大幅降低了焊接缺陷的发生率。数字化焊接技术还能够实时监测焊接过程中的各种异常情况,及时发出警报并采取相应的处理措施,有效保障了焊接过程的安全性和稳定性。未来,随着数字化技术的不断发展和完善,数字化焊接技术将在智能制造领域发挥更加重要的作用。它将与云计算、大数据等先进技术相结合,实现焊接过程的全面自动化和智能化管理,为制造业的转型升级提供有力的技术支持。

三、切割工艺概述

(一)切割工艺的概念

切割是将金属材料按照预设的尺寸和形状进行精准分离的过程,为后续的加工和成形步骤奠定了坚实基础。通过切割,金属材料得以被塑造成各种所需的构件和零件,进而广泛应用于各类机械、设备和建筑结构中。切割工艺的高效与精确,不仅提升了金属材料的利用率,还大幅缩短了产品的生产周期,为制造业的持续发展和进步注入了强大动力。

(二)切割工艺的分类与特点

1.机械切割

机械切割(见图3-1)作为一种传统的金属材料加工方法,以其稳定可靠的切削性能在制造业中占据着重要地位。这种切割方法主要利用刀具对金属材料进行物理切削,通过刀具与材料之间的相对运动,将材料分离成所需尺寸和形状。机械切割适用于各种金属材料的加工,无论是钢铁、铝合金还是铜材等,都能通过选择合适的刀具和切削参数来实现精准切割。在机械切割过程中,虽然会产生大量的热量和切屑,但现代切削技术已经能够很好地控制这些问题。例如,采用冷却液对切削区域进行降温,可以有效减少热量的产生和传导,避免材料因高温而变形或损坏。通过合理的刀具设计和切削参数选择,可以最大程度地减少切屑的产生,提高材料的利用率和加工效率。

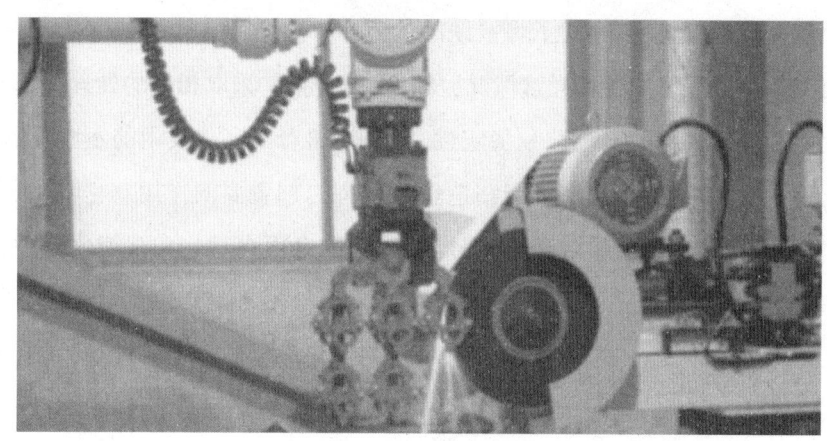

图3-1 机械切割

2.火焰切割

火焰切割(见图3-2)是一种利用化学能对金属材料进行切割的方法,其主要通过氧气和可燃气体混合燃烧产生的火焰对金属材料进行加热,使其熔化或氧化,从而达到切割的目的。这种方法在金属加工领域具有广泛的应用,特别是在处理厚度较大的金属板时,火焰切割展现出了其独特的优势。火焰切割的速度快,效率高,特别适合于大批量、大规模的金属切割作业。由于火焰的高温作用,金属材料在切割过程中能够快速熔化或氧化,从而减少了切割阻力,增强了切割的顺畅性。然而,火焰切割对操作技能要求较高,需要专业人员进行精确控制,由于切割过程中涉及高温和化学反应,因此必须采取严格的安全措施,确保作业环境的安全和稳定。

3.激光切割

激光切割(见图3-3)作为一种现代化的高精度切割技术,正逐渐在金属

图 3-2　火焰切割

材料加工领域占据主导地位。它利用高功率激光束对金属材料进行照射,通过激光与材料之间的相互作用,使材料迅速熔化、汽化或达到点燃点,从而实现精准切割。激光切割的特点在于其高精度、高速度和高自动化程度。激光束的直径极小,能够实现微米级的切割精度,特别适用于各种复杂形状的金属材料的加工。激光切割的速度非常快,大幅提高了生产效率。此外,激光切割过程易于实现自动化控制,可与数控技术、机器人技术等先进技术相结合,实现智能化生产。

图 3-3　激光切割

四、切割装备与技术

(一)切割装备的种类与功能

1.机械切割机

机械切割机作为一种传统的切割设备,广泛应用于各类金属材料的切割加工中,它主要依靠机械力驱动刀具进行切割,因此具有稳定可靠的工作性能。这种切割机特别适用于中小型工件的精密切割,能够满足制造业对高精度零部件的需求。机械切割机结构简单,操作便捷,维护成本低,因此成为许多加工车间不可或缺的基础设备。在金属加工领域,机械切割机始终发挥着重要作用,为制造业的发展提供有力支持。

2.火焰切割机

火焰切割机是利用高温火焰对金属材料进行热切割的专用设备,主要用于厚金属板的切割作业,如钢板、铝板等大型工件。火焰切割机以其高效的切割速度和出色的工作效率而备受赞誉。然而,操作火焰切割机需要专业的技能和对安全措施的严格遵守,以确保作业过程的安全性和稳定性。在金属加工行业,火焰切割机以其独特的优势,为厚金属板的切割提供了高效的解决方案。

3.激光切割机

激光切割机是现代制造业中的高精尖设备,它利用高能激光束对材料进行非接触式切割。激光切割机具有高精度、高速度和高自动化的显著特点,能够轻松应对复杂图形和微小工件的切割需求。这种先进的切割技术不仅提高了加工效率,还大幅提升了产品质量。激光切割机在各类金属材料的加工中表现出色,尤其是对于那些要求极高精度的零部件制造,更是不可或缺的利器。随着科技的不断进步,激光切割机在制造业中的应用将越来越广泛,为推动行业的技术革新和产业升级发挥重要作用。

（二）先进的切割技术装备介绍

1. 高精度数控切割机

高精度数控切割机作为现代切割技术的佼佼者，融合了数控技术与高精度切割工艺，展现出卓越的切割能力。这种装备借助先进的计算机编程，实现对切割轨迹的精确控制，从而确保每一次切割都达到微米级的精度。这种高精度的切割能力，使得它在精密机械、电子电器等领域得到广泛应用，为这些行业的产品制造提供了有力保障。高精度数控切割机的出现，不仅提高了切割的准确性和效率，更推动了相关行业的技术进步，其自动化的操作方式，减少了人为干预，降低了操作难度，同时增强了生产的安全性。未来，随着技术的不断创新和升级，高精度数控切割机将会在更多领域展现其强大的切割实力，为制造业的发展注入新的活力。

2. 水刀切割装备

水刀切割装备以其独特的切割方式和出色的切割效果，在现代制造业中占据着一席之地。这种装备利用高压水流对材料进行切割，不仅切割速度快，而且切面光滑，无须二次加工。更为重要的是，水刀切割装备在切割过程中不会产生热影响区，因此特别适用于对热敏感材料的切割，如玻璃、陶瓷等。水刀切割装备的环保性也是其一大亮点。与传统的切割方式相比，水刀切割无须使用化学试剂或产生有害气体，既保护了环境，又降低了生产成本，其高效的切割能力也为企业带来了可观的经济效益。

3. 等离子切割系统

等离子切割系统，作为一种先进的金属切割技术，正以其高效、环保的特点赢得越来越多企业的青睐。这种系统利用高温等离子弧对金属材料进行切割，不仅切割速度快，而且切割面质量好，无须进行后续处理。这种高效的切割方式，使得等离子切割系统在各种金属材料的快速切割中表现出色。除了高效的切割能力外，等离子切割系统还具有节能环保的优点。在切割过程中，它产生的噪声和粉尘较少,对环境的影响较小,由于其高效的能量利用率,也降低了能源消耗和生产成本。

第三节 机械加工工艺及其装备

一、机械加工工艺概述

(一)加工工艺定义与特点

1.机械加工的定义

机械加工工艺,从字面意义上理解,即通过机械手段对原材料进行加工的过程,但深入探究,其内涵远不止如此。这一工艺实际上是一个综合性的转化流程,它涵盖了从原材料到成品的每一个细致步骤。在这个流程中,原材料经过一系列有序而精确的操作,逐渐蜕变成具有特定形状、尺寸和性能的产品。这些操作包括但不限于切割、打磨、钻孔、铣削等,每一步都需要精湛的技艺和严格的标准来确保产品的质量和性能,不仅要求操作人员具备高超的技能和经验,还需要依赖先进的机械设备和工艺技术。

2.机械加工的特点

机械加工的特点显著且多样,其中高精度、高效率和可重复性无疑是最为突出的几个方面。高精度是机械加工的核心要求,它体现了工艺技术的精湛和对产品质量的极致追求。通过精确的测量、严谨的操作流程和先进的加工设备,机械加工工艺能够确保产品的每一个细节都达到设计要求,从而满足现代工业对高精度零部件的需求。高效率则是机械加工的另一大特点,尤其在快节奏、高竞争的市场环境中显得尤为重要。通过优化生产流程、增强设备性能和引入自动化技术,机械加工工艺能够在保证质量的同时大幅提高生产效率,降低生产成本,从而为企业赢得更多的市场机会。

（二）加工工艺的分类

1.传统机械加工

传统机械加工是制造业中历史最悠久、应用最广泛的加工方式之一，主要包括车、铣、刨、磨等工艺，这些工艺通过刀具与工件的相对运动来去除多余材料，从而得到所需形状和尺寸的零件。传统机械加工具有操作简单、成本低廉、适应性强等优点，特别适用于单件或小批量生产。然而，随着科技的进步和市场需求的变化，传统机械加工在某些方面已逐渐暴露出局限性，如加工精度和效率相对较低，对工人技能要求较高等。尽管如此，它仍是许多制造企业不可或缺的重要加工手段。

2.特种加工

特种加工是近年来发展起来的一种新型加工技术，它主要利用电能、热能、光能等非传统机械能来实现材料的去除或变形。其中，电火花加工和激光加工是特种加工的典型代表。电火花加工通过电极之间的脉冲放电来蚀除材料，特别适用于加工硬脆材料和复杂形状零件。而激光加工则利用高能激光束对材料进行熔化、汽化或切割，具有加工速度快、精度高、热影响区小等优点，特种加工技术的出现，为制造业带来了革命性的变革，它不仅拓宽了加工材料的范围，还大幅提高了加工精度和效率。

3.数控加工

数控加工是一种基于数控机床的高精度加工方式，它通过预先编制的程序来控制机床的运动轨迹和加工参数，从而实现自动化、高精度的加工过程。数控加工具有加工精度高、生产效率高、灵活性强等显著优点，特别适用于复杂形状零件的大批量生产。此外，随着数控技术的不断发展和完善，数控机床的功能和性能也得到了极大的提升，使得数控加工在制造业中的应用范围越来越广泛。

(三)加工工艺的重要性

1. 影响产品质量和性能

在机械制造过程中,每一个加工环节都直接关系着最终产品的成形和质量。精湛的加工工艺能够确保产品的尺寸精度、形状精度和表面质量,从而提高产品的整体性能和使用寿命。例如,在精密零件的加工中,丝毫的误差都可能导致产品性能的降低甚至失效。因此,严格控制加工工艺,确保每一步操作都准确无误,是提升产品质量和性能的关键。

2. 决定生产效率和成本

加工工艺的选择和优化直接决定了生产效率和成本,合理的加工工艺能够减少不必要的加工步骤和时间,提高材料的利用率,从而降低生产成本。高效的加工工艺还能缩短生产周期,提高生产效率,使企业能够更快地响应市场需求。反之,若加工工艺不合理或落后,不仅会增加生产成本,还会造成生产资源的浪费,影响企业的市场竞争力。

3. 是实现产品创新的关键环节

在当今快速变化的市场环境中,产品创新是企业持续发展的重要驱动力,而加工工艺作为产品制造的核心环节,是实现产品创新的关键。通过改进和优化加工工艺,企业不仅能够提升现有产品的性能和质量,还能够开发出具有全新功能和形态的产品,从而满足市场的多样化需求。因此,不断探索和创新加工工艺,对于推动企业的产品创新和市场拓展具有重要意义。

二、常见机械加工方法

(一)车削加工

车削加工,作为机械加工中的常见方法,主要通过车床与车刀的相对运动,对旋转的工件进行切削。这一过程中,车刀沿着工件的轴线或其平行线进行移动,从而精确地去除多余材料,形成所需的形状和尺寸。车削加工特别适用于轴类、盘类等具有回转体特征的零件。由于车床和车刀的高精度特性,车削加工能够提供极高的加工精度,确保零件的尺寸和形状满足设计要求。随着自动化技术的不断发展,车削加工的生产效率也得到了显著提升,使得这一工艺在制造业中占据了重要地位。

(二)铣削加工

铣削加工是一种广泛应用的机械加工方法,它利用铣床和铣刀对工件进行平面或曲面的切削。与车削不同,铣削加工更适用于复杂形状零件的加工,如齿轮、凸轮等。铣刀在铣床上的多轴运动,使得它能够在不同的方向和角度上对工件进行切削,从而满足各种复杂形状的加工需求。此外,铣削加工还具有较强的灵活性,可以根据不同的加工要求选择合适的铣刀和切削参数,以达到最佳的加工效果。

(三)钻孔与镗孔加工

钻孔与镗孔加工是机械加工中不可或缺的环节,特别是在需要精确孔位和孔径的零件制造中。钻孔主要通过钻头在工件上旋转切削出圆形孔,而镗孔则使用镗刀对已有孔进行扩大或精加工。这两种加工方法广泛应用于箱体、支架等需要孔系加工的零件。钻孔与镗孔加工的主要特点是加工精度高,能够确保孔的尺寸和位置精度满足设计要求。此外,随着数控技术的引入,钻孔与镗孔加工的自动化程度不断提高,生产效率也随之提升,为制造业的发展提供了有力支持。

三、加工装备与工具

(一)机床的种类与选择

机床作为机械加工的核心设备,其种类繁多,包括车床、铣床、钻床、磨床等。每种机床都有其特定的加工范围和精度等级,因此,在选择机床时,必须根据具体的加工需求、精度要求以及生产效率进行综合考虑。例如,车床主要用于轴类零件的加工,铣床则适用于平面和曲面的加工,而钻床则专注于孔的加工。精度要求高的零件,应选择高精度机床以确保加工质量。生产效率也是一个重要考量因素,高效率的机床可以在更短的时间内完成更多的加工任务。因此,在选择机床时,应全面评估加工需求,以确保所选机床能够满足生产要求并提高整体加工效率。

(二) 刀具的种类与使用

刀具是机械加工中不可或缺的工具,其种类繁多,包括车刀、铣刀、钻头、砂轮等,不同的刀具适用于不同的加工场景,因此在使用时需要根据具体需求进行选择。刀具的使用也需要注意一些关键事项,如刀具的选用应根据工件的材质、加工要求和机床性能来确定;刀具的刃磨也是至关重要的,它直接影响到加工质量和刀具的使用寿命。此外,定期检查和更换磨损严重的刀具也是必不可少的步骤,以确保加工过程的稳定性和安全性。正确使用和管理刀具,不仅可以提高加工效率,还能降低生产成本并保障操作人员的安全。

(三) 夹具与量具的应用

夹具的主要作用是保证工件在加工过程中的位置稳定,防止因工件移动而导致的加工误差。夹具的设计和使用需要考虑到工件的形状、尺寸和加工要求,以确保夹紧力适中且分布均匀,避免对工件造成损伤。而量具则是用于测量和检验工件的尺寸和形状精度的重要工具。通过使用量具,可以及时发现并纠正加工过程中的偏差,确保工件质量符合设计要求。在选择和使用量具时,应注意其量程、精度和稳定性等参数,以保证测量结果的准确性和可靠性。夹具和量具的合理应用,对于提高机械加工的质量和效率具有十分重要的意义。

四、工艺参数与优化

(一)切削用量的选择

在机械加工中,切削用量的选择直接影响加工效率、刀具寿命和加工质量,切削速度、进给量和背吃刀量是切削过程中的三个核心参数。切削速度的选择需根据刀具材料、工件材料和加工条件综合考量,过快可能导致刀具急剧磨损,过慢则影响加工效率。进给量的确定要考虑工件的表面粗糙度和刀具的承受能力,合理的进给量能在保证加工质量的同时提高效率。背吃刀量的选择则与工件的加工余量和刀具的刚度有关,需确保切削过程的稳定性和安全性。针对不同材料的加工,切削用量需相应调整,以适应不同材料的切削性能,从而实现高效、精准的加工。

(二)刀具角度与刃磨

刀具的角度对于切削性能有着至关重要的影响,前角的大小影响着刀具的锋利程度和切削力的大小,后角则关系着刀具与工件的摩擦和刀具的强度。主偏角的选择则决定了切削屑的流向和刀具的散热效果。在选择刀具角度时,需根据具体的加工材料和加工要求来确定,以达到最佳的切削效果。刀具的刃磨也是保证加工质量的关键环节。正确的刃磨方法能够恢复刀具的切削性能,延长其使用寿命;在刃磨过程中,需要掌握合适的刃磨角度和技巧,避免过度磨损或损坏刀具。

(三)加工过程的优化

加工过程的优化是提高机械加工效率和精度的关键途径,通过调整工艺参数,如切削用量、刀具角度等,可以实现加工过程的优化。合理的工艺参数设置能够减少切削阻力,降低刀具磨损,从而提高加工效率和精度。此外,采用新工艺、新技术也是改进加工过程的有效手段。例如,引入数控技术、自动化技术等先进制造技术,可以显著提升加工过程的自动化程度和精度水平。不断探索和创新加工工艺方法,针对特定加工需求开发专用刀具和夹具,也能进一步提高加工效率和产品质量。通过这些优化措施的实施,可以为企业带来更高的生产效益和市场竞争力。

五、加工误差分析与补偿

(一)加工误差的来源

在机械加工过程中,加工误差是不可避免的,其来源多种多样,机床误差是其中之一,包括机床本身的制造精度、装配精度以及长时间使用后的磨损等。刀具误差则主要由刀具的制造、刃磨以及使用过程中的磨损引起。夹具误差则可能来源于夹具的设计、制造以及夹紧力的影响。此外,工艺系统受力变形、热变形等也是导致加工误差的重要因素。受力变形可能由于切削力、夹紧力等引起,而热变形则主要源于加工过程中产生的热量导致机床、刀具和工件的温度变化。

(二)加工误差的测量与分析

为了有效控制加工误差,必须对其进行精确的测量和深入的分析,利用量具和测量仪器,如千分尺、百分表、光学测量仪等,可以对加工后的工件进行尺寸、形状和位置精度的测量,从而得出具体的误差值。在测量基础上,进一步分析误差产生的原因至关重要。这包括对机床、刀具、夹具等硬件设备的检查,以及对加工工艺参数、环境条件等因素的考量。通过综合分析,可以找出导致误差的主要因素,为后续的误差补偿提供有力依据。

(三)加工误差的补偿方法

针对加工误差,采取有效的补偿方法是提高加工精度的关键,一种常见的方法是通过调整机床、刀具或夹具来直接补偿误差。例如,调整机床的导轨间隙、刀具的安装位置或夹具的夹紧力等,以抵消或减少误差的影响。此外,随着技术的发展,数控技术、在线检测技术等高级方法也被广泛应用于误差补偿。数控技术可以通过精确控制机床的运动轨迹和加工参数来减少误差,而在线检测技术则能实时监测加工过程中的误差并进行相应调整。

第四节　特种加工工艺及其装备

一、特种加工工艺概述

(一)特种加工工艺的概念

特种加工工艺作为一种有别于传统机械加工的技术体系,其核心概念在于运用非传统的机械能源,诸如电能、化学能、声能以及光能等,来实现对材料的去除、变形或改性。这些特种能源的应用,使得加工过程不再局限于传统的切削、磨削等方式,从而能够应对更为复杂和多样的加工需求。相较于传统机械加工,特种加工工艺展现出几大显著特点。其一为非接触性,即加工工具与工件之间无须直接接触,这极大降低了加工过程中的机械应力和热应力,有助于保护工件的完整性和精度。其二为高能量密度,特种加工所采用的能源往往具有极高的能量密度,能够在极短的时间内完成材料的去除或变形,从而提高了加工效率。其三为加工精度高,特种加工工艺对能源的精确控制,使得其能够实现微米甚至纳米级别的加工精度,满足了现代制造业对高精度零部件的需求。其四为特种加工工艺的适用范围广泛,无论是金属、非金属还是复合材料,无论是简单形状还是复杂结构,特种加工都能提供有效的解决方案。

(二)应用领域

特种加工工艺因其独特的优势,在多个领域都获得了广泛的应用,在航空航天领域,由于部件常采用高强度、高硬度、难加工的材料,如钛合金、陶瓷复合材料等,传统机械加工往往难以奏效。而特种加工技术,如激光加工和电火花加工等,则能够轻松应对这些难加工材料,实现高效、精确的加工。例如,激光打孔技术能够在航空发动机叶片上打出微小而精确的孔洞,提高发动机的燃烧效率。在微电子和半导体行业,特种加工技术同样是不可或缺的一环。随着集成电路的不断发展,对微小尺寸和高精度加工的需求也日益增长。特种加工技术,如离子束刻蚀、电子束焊接等,以其极高的加工精度和分辨率,为微电子和半导体行业提供了有力的技术支持。此外,在医疗器械、汽车制造、模具制造等行业,特种加工也发挥着不可替代的作用。如医疗器械中的微小零件加工、汽车发动机缸体的激光熔覆修复、模具的精细电火花加工等,都是特种加工工艺的典型应用案例。

(三)发展意义

特种加工工艺的发展对现代制造业而言具有深远的意义。首先,它解决了传统机械加工中的一系列技术难题。面对高强度、高硬度、复杂形状以及微小尺寸等加工挑战,特种加工工艺提供了有效的解决方案,使得制造业的加工能力得到了极大的拓展和提升。其次,特种加工工艺的应用显著提高了加工效率和产品质量。高能量密度的特种能源能够在短时间内完成大量材料的去除或变形,从而缩短了加工周期。特种加工对能源的精确控制,使得加工过程中的误差和缺陷大幅减少,提高了产品的精度和可靠性。此外,特种加工工艺还推动了新材料、新工艺的研发和应用。随着特种加工技术的不断发展,越来越多的新材料得以被应用到制造业中,如纳米材料、复合材料等,这些新材料的应用不仅增强了产品的性能,还促进了整个制造业的技术进步和产业升级。

二、常见特种加工工艺

(一)电火花加工

电火花加工作为一种特种加工工艺,其核心原理在于利用电极之间脉冲放电所产生的电腐蚀现象来去除材料。当电极与工件之间施加一定的脉冲电压,且两者之间的距离足够小时,便会在其间产生强烈的电火花放电。这种放电现象具有极大的能量密度,能够在极短的时间内使材料局部熔化甚至气化,从而实现材料的去除。电火花加工特别适用于那些硬而脆的导电材料,如硬质合金和淬火钢等。这些材料在传统机械加工中往往难以处理,而电火花加工则能够轻松应对。此外,电火花加工还具有实现复杂形状和微小尺寸加工的能力。通过精确控制电极的形状和运动轨迹,以及调整放电参数,可以在工件上加工出各种复杂的形状和微小的结构。在实际应用中,电火花加工已被广泛用于模具制造、航空航天、汽车制造等领域。例如,在模具制造中,电火花加工可用于加工各种复杂形状的型腔和型芯;在航空航天领域,它则可用于加工发动机叶片等关键部件上的微小孔和复杂槽形。

(二)激光加工

激光加工技术,以其高精度、高效率和非接触性等特点,在现代制造业中占据着举足轻重的地位。激光加工的核心原理是利用高能激光束照射工件表面,使材料在极短的时间内迅速熔化、汽化或达到点燃点。与此同时,通过高速气流将熔化或燃烧的材料迅速吹走,从而实现加工的目的。激光加工的应用范围极其广泛,涵盖了打孔、切割、焊接和表面处理等多个领域。在打孔方面,激光打孔技术能够实现微小孔的高精度加工,且加工效率远高于传统机械钻孔。在切割领域,激光切割以其高速、高精度和无须后续处理的优势,已广泛应用于金属板材、非金属材料的切割加工。在焊接方面,激光焊接技术能够实现微小焊缝的高质量焊接,且焊接过程中热影响区小,变形小,从而保证了焊接件的性能和精度。此外,在表面处理领域,激光加工技术也展现出了巨大的潜力,如激光淬火、激光熔覆等技术,能够显著增强材料的表面性能和耐磨性。

(三)超声波加工

超声波加工技术,作为特种加工工艺的一种,凭借其独特的加工原理和广泛的应用范围,在现代制造业中占据着重要的地位。该技术主要利用超声波振动的能量,通过磨料悬浮液对硬脆材料进行加工。这种加工方式既适用于玻璃、陶瓷、石英等不导电的硬脆材料,也在清洗、焊接和探伤等领域发挥着重要作用。在超声波加工过程中,高频的超声波振动使得磨料悬浮液中的磨粒产生剧烈的冲击和研磨作用,从而实现对工件的精确加工。这种加工方式不仅能够有效去除材料,还能够获得较高的加工精度和表面质量。由于超声波加工具有非接触性特点,它能够有效避免传统机械加工中可能出现的应力和变形问题,进一步保证了加工质量。此外,超声波加工技术还具有广泛的应用前景。在制造业中,许多硬脆材料由于难以用传统方法进行加工而受到限制,而超声波加工则为这些材料提供了有效的解决方案。

（四）电解加工

电解加工技术是一种基于电化学原理的特种加工工艺,它利用金属在电解液中发生阳极溶解的原理来去除材料。这种方法特别适用于加工那些难以用传统机械加工方法处理的材料和复杂形状,如叶片、整体叶轮等。电解加工不仅具有加工效率高的优点,还能够保证良好的表面质量,因此在制造业中得到了广泛的应用。在电解加工过程中,通过合理选择电解液、控制电流密度和加工时间等参数,可以实现对材料的精确去除。这种加工方式不受材料硬度、强度和韧性的限制,因此特别适用于加工那些难以切削的高硬度、高强度材料。电解加工过程中材料是以离子形式被去除的,因此可以获得非常光滑的表面,进一步提高了产品的质量和性能。

三、特种加工装备与工具

（一）电火花加工机床

电火花加工机床是实现电火花加工技术的关键设备,其构造复杂且精密,以确保加工过程的高效与稳定。该机床通常由几个核心部分组成:脉冲电源、自动进给调节系统、机床本体以及工作液循环系统。脉冲电源作为电火花加工的能量源,提供稳定且可调的电脉冲,以满足不同加工需求。自动进给调节系统则负责根据加工过程中的实际情况,智能调整电极与工件之间的间隙,保证放电的稳定性和加工效率。机床本体作为整个设备的支撑结构,需要具备较高的刚性和精度。这不仅关系着加工过程的稳定性,还直接影响加工成品的精度和质量。因此,在机床的设计和制造过程中,对材料的选择、结构的优化以及制造工艺的把控都极为严格。此外,工作液循环系统也扮演着重要角色,它负责提供和循环工作液,以保持加工区域的清洁和冷却,从而延长设备的使用寿命并提高加工效率。

(二)激光加工设备

激光加工设备是现代制造业中不可或缺的高精尖设备,其主要由激光器、光学系统和机械系统三大部分构成。激光器作为设备的核心,能够产生高能激光束,这些激光束具有极高的能量密度和优异的方向性,是实现高精度加工的关键。光学系统则负责激光束的传输与聚焦,确保激光能量能够准确、高效地作用于工件表面,从而实现精确的加工效果。机械系统在激光加工设备中同样占据重要地位。它不仅要保证工件的精确定位,还要实现工件在加工过程中的平稳移动,以确保激光束与工件之间的相对位置始终保持不变。这要求机械系统具备高精度、高稳定性和快速响应的能力。为了实现这些要求,现代激光加工设备通常采用先进的伺服控制系统和精密的机械传动机构,以确保加工过程的精确性和可靠性。

(三)超声波加工设备

超声波加工设备,作为现代精密加工技术的重要代表,其构造和工作原理体现了科技与工艺的完美结合。该类设备主要由超声波发生器、换能器、变幅杆和工具头等核心部分组成,每一部分都承担着关键的功能。超声波发生器是设备的"心脏",它负责产生高频电信号。这些电信号具有特定的频率和波形,是驱动整个超声波加工过程的动力源。换能器则扮演了"桥梁"的角色,它将发生器产生的高频电信号高效地转换为机械振动。这一转换过程需要精确匹配和调校,以确保振动能量的最大化传递。变幅杆在超声波加工中起了至关重要的作用。它负责将换能器传递过来的振动幅度进行放大,从而满足加工过程中对振幅的特定需求。通过变幅杆的放大作用,可以使得工具头获得足够的振动能量,以实现对工件的精确加工。工具头是直接与工件接触的部件,它的形状、材料和加工精度都会直接影响最终的加工效果,在超声波加工过程中,工具头通过高频振动对工件进行冲击、研磨或切割等操作,从而去除多余的材料或形成特定的形状和尺寸。

(四)电解加工机床

电解加工机床是电化学加工领域的重要设备,它利用电解原理对金属材料进行高精度、高效率的加工。该类机床主要由电解液系统、电源系统、机床本体和控制系统等部分组成,共同构成了一个高效、稳定的加工平台。电解液系统是电解加工机床的重要组成部分,它负责提供和循环电解液。电解液在加工过程中起了导电、冷却和排屑等多重作用,其性能和质量直接影响加工效果。因此,电解液系统需要具备稳定的流量、温度和浓度控制能力,以确保加工过程的顺利进行。电源系统为电解加工提供了必要的电流和电压。通过调节电源的输出参数,可以控制电解反应的速率和深度,从而实现对工件的精确加工。电源系统需要具备高精度、高稳定性和可调性等特点,以满足不同加工需求。机床本体是电解加工机床的支撑结构,它用于支撑和定位工件及工具阴极。机床本体需要具备足够的刚性和精度,以保证加工过程中的稳定性和准确性。机床本体还需要具备便捷的操作界面和人性化的设计,以方便操作人员进行加工操作和调整。

第四章　机械加工质量及其控制

第一节　机械加工精度

一、机械加工精度概述

(一)机械加工精度与加工误差

机械加工精度是指工件在加工过程中,其尺寸、形状和相互位置等几何参数与理想状态的符合程度,它是衡量机械加工质量的重要指标,直接影响产品的使用性能和寿命。而加工误差则是指加工后工件的实际几何参数与理想状态之间的差异,这种差异是由多种因素如机床精度、刀具磨损、夹具定位等引起的。加工误差的大小直接反映了加工精度的高低,误差越小,精度越高。在实际生产过程中,机械加工精度与加工误差是密切相关的,提高加工精度就意味着要减小加工误差,这需要通过优化加工工艺、提升设备性能以及加强质量控制等多种手段来实现;对加工误差的深入分析和有效控制,也是提高机械加工精度的重要途径。

(二)加工精度的获得方法

1.尺寸精度的获得方法

(1)试切法

试切法是指通过试切、测量、调整、再试切,如此经过两三次,使被加工尺寸达到要求再切削整个表面的方法。这种方法的效率低、劳动强度大,对操作者的技术水平要求高,主要适用于单件、小批生产。

(2)调整法

调整法是指利用机床上的定程装置、对刀装置等,先调整好刀具和工件在机床上的相对位置,并保持这个位置不变加工一批零件的方法。调整法广泛用于各类半自动、自动机床和自动线,适用于成批、大量生产。

(3)定尺寸刀具法

定尺寸刀具法是指用具有一定尺寸精度的刀具来保证被加工工件尺寸精度的方法,如钻孔、扩孔、铰孔和攻螺纹等。这种方法的加工精度,主要取决于刀具的制造、磨损和切削用量等,其生产率较高,刀具制造较复杂,常用于孔、槽和成形表面的加工。

(4)自动控制法

自动控制法是指用测量装置、进给机构和控制系统等构成加工过程的自动控制系统,当工件达到要求的尺寸时,自动停止加工的方法。这种方法又有自动测量和数字控制两种,前者的机床上具有自动测量工件尺寸的装置,完成自动测量、调整和误差补偿等工作,后者是根据预先编制的数控程序实现切削加工。

2.形状精度的获得方法

(1)轨迹法

轨迹法是指利用切削运动中刀具与工件的相对运动轨迹来获得工件形状的方法。该方法的加工精度主要取决于这种成形运动的精度。例如,车削时工件旋转,刀具沿工件轴线做直线运动,刀尖在工件表面上的轨迹形成外圆或内孔。

(2)成形法

成形法是指采用成形刀具切削刃的形状切出工件表面的方法,如用花键拉刀拉花键槽、用曲面成形车刀加工回转曲面等。成形法的加工精度主要取决于刀刃的形状精度和刀具的装夹精度。

(3)展成法

展成法是利用工件和刀具作展成切削运动进行加工的方法。切削加工时,刀具与工件按确定的运动关系作相对运动(展成运动或称范成运动),切削刃与被加工表面相切(点接触),切削刃各瞬时位置的包络线,便是所需的发生线。

3.位置精度的获得方法

零件相互位置精度的获得与工件的装夹方式和加工方法有关。如果工件一次装夹加工多个表面,其精度主要由机床精度保证,即数控加工中主要靠机床的精度来保证工件各表面之间的位置精度;如果需要多次装夹加工,工件的位置精度与机床精度、工件找正精度、夹具精度以及量具精度有关。多次装夹根据工件的安装方式,有直接找正法、划线找正法和夹具定位法三种。

(三)原始误差

在机械加工过程中,由机床、夹具、刀具和工件所组成的工艺系统会存在多种原始误差,这些误差是直接导致加工误差的根源。当这些原始误差存在时,它们会干扰工件和刀具之间的相对位置关系,从而影响加工精度。研究加工精度的主要目的,就是要深入探究这些原始误差的物理和力学特性,理解它们对加工误差的具体影响规律,以便采取相应的措施来提升加工精度。这些原始误差大致可以分为三类:首先是加工原理误差,这类误差主要源于采用了近似的加工方法;其次是与工艺系统初始状态相关的误差,通常称之为几何误差或静态误差,这类误差主要包括机床、夹具、刀具在制造过程中产生的误差;最后是与工艺过程本身相关的误差,也被称为动态误差或加工过程误差,这类误差主要是由于加工过程中产生的切削力、切削热以及摩擦导致的变形和磨损等引起的。图4-1详细展示了这些可能影响加工精度的原始误差。

(四)加工误差的性质

1.系统性误差

在连续加工同一批工件时,有些误差的大小和方向会保持不变,或者按照一定的规律变化,这类误差被称为系统性误差。其中,大小和方向始终不变的误差被称为常值系统误差,而那些按照某种规律变化的误差则被称为变值系统

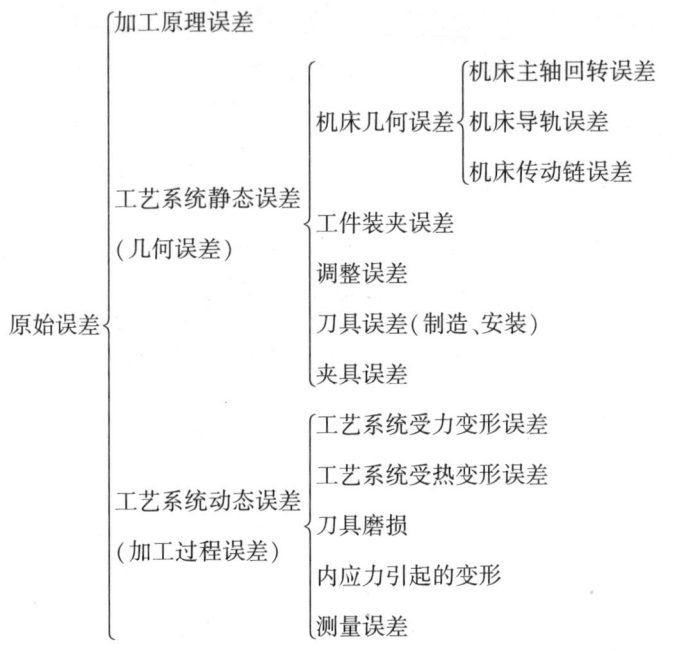

图 4-1 影响加工精度的原始误差

误差。加工原理产生的误差,机床、刀具、夹具的制造误差,以及工艺系统因受力变形而导致的加工误差,这些误差的特点是与时间无关,且在一次加工过程中,它们的大小和方向基本保持稳定。同样,机床、夹具、量具等因磨损而导致的加工误差,在一次调整过程中也表现出明显的稳定性,这些都可以被视为常值系统误差。对于这类误差,可以通过对工艺装备进行及时的维修和调整,或者采取特定的措施来有效地消除。机床、刀具、夹具在达到热平衡前的热变形误差,以及刀具的磨损等,都是随着时间推移而有规律地变化,这些被归类为变值系统误差。

2.随机性误差

在顺序加工同一批工件时,有一类加工误差的大小和方向的变化呈现出随机性,这类误差被称为随机性误差。诸如毛坯的误差(如余量分布不均、硬度不一致等)、夹紧过程中产生的误差、残余应力导致的误差,以及多次调整过程中引入的误差等,均属于随机性误差。随机性误差是加工过程中难以完全避免的,但可以通过优化工艺措施来有效地控制其影响。例如,可以通过提升工艺系统的刚度,以增强系统的稳定性;通过改进毛坯的加工精度,使其余量分布更加均匀;对毛坯进行热处理,以确保其硬度的一致性;通过时效处理,消除内部的残余应力。这些措施都有助于减小随机性误差对加工精度的不利影响。

二、机械加工精度的影响因素及其分析

(一)刀具误差

在机械加工过程中,刀具误差对加工精度的影响不容忽视,刀具误差主要来源于其制造、装配以及使用过程中的磨损。制造误差是由于刀具在制造过程中受到设备精度、材料性能等因素限制而产生的,这些误差会直接影响刀具的尺寸、形状和角度等参数,进而传递给工件。装配误差则是由于刀具在装配到机床或夹具上时,配合间隙或装配工艺不当导致的。此外,刀具在使用过程中会受到磨损,导致切削刃变钝、形状改变,这种磨损误差会随着使用时间的增加而逐渐增大。为了减小刀具误差对加工精度的影响,需要优化刀具设计、提高制造精度、改进装配工艺,并加强对刀具的使用管理,定期进行检查和维护。

(二)机床误差

机床误差主要包括主轴回转误差、导轨误差和传动链误差。主轴回转误差是指主轴在回转过程中实际回转轴线与理想回转轴线之间的偏差,这种误差会导致工件加工表面的形状和位置精度下降。导轨误差则是由于导轨在制造和安装过程中的不准确,以及长时间使用后的磨损所导致的,它会影响机床各部件的相对位置和运动精度。传动链误差则是由传动链中各组成环节的制造和装配误差,以及使用过程中的磨损所引起的,它会传递给工件,造成加工误差。为了减小机床误差,需要提高机床的制造精度和装配精度,加强对机床

的维护和保养,以及优化机床的设计和使用环境。

(三)夹具误差

夹具在机械加工中起着定位和夹紧工件的作用,夹具误差对加工精度的影响不容忽视。夹具误差主要来源于其制造误差、安装误差以及使用过程中的变形和磨损。制造误差是由于夹具在制造过程中受到各种因素的影响而产生的,这些误差会直接影响夹具的定位精度和夹紧力分布。安装误差则是由于夹具在安装过程中与机床、刀具等部件的配合不当所导致的。此外,夹具在使用过程中会受到工件重力、切削力等外力的作用,导致夹具产生变形和磨损,进而影响加工精度。为了减小夹具误差,需要提高夹具的制造精度和安装精度,优化夹具的设计和使用环境,以及加强对夹具的维护和保养。

(四)工件误差

工件误差主要来源于其材料性能、形状和尺寸的不一致性,以及加工过程中的内应力和热变形等因素。材料性能的不一致性会导致工件在加工过程中产生不均匀的变形和磨损,进而影响加工精度。形状和尺寸的不一致性则是由于工件在制造和加工过程中的误差所导致的,这些误差会直接影响工件的定位精度和加工质量。此外,加工过程中的内应力和热变形也是导致工件误差的重要原因。为了减小工件误差,需要优化工件的材料选择、提高工件的制造精度和加工质量,以及加强工件的检验和修正工作,还需要合理设计加工工艺和选择适当的加工参数,以减小加工过程中的内应力和热变形对工件精度的影响。

三、提高加工精度的措施

(一)优化设备选择与维护

在机械制造领域,设备是保障加工精度的基石,为提高加工精度,制造商必须高度重视设备的选择与维护工作。选用高精度、稳定性好的机床见图4-2和其他加工设备是确保加工精度的关键一步。这类设备通常具备更精确的控制系统和更稳固的机械结构,从而能够在加工过程中提供更可靠的性能。然而,仅仅选择高质量的设备并不足以长期保证加工精度。定期对设备进行维护和保养同样至关重要。维护工作应包括对设备的日常检查、定期清洁、润滑以及必要的调试等。通过这些措施,确保设备各部件的正常运转,减少因磨损和老化引起的误差。此外,对于老化和磨损严重的设备部件,制造商应及时进行更换。设备部件的磨损是不可避免的,但如果不及时处理,这些磨损将会逐渐影响设备的整体性能,进而导致加工误差的增大。因此,通过定期检查和更换磨损部件,制造商可以将设备保持在最佳工作状态,从而最大限度地减少因设备问题导致的加工误差。

图4-2 数控机床

(二)改进加工工艺

调整切削参数是改进加工工艺的重要环节,切削速度、进给量和切削深度等参数的选择直接影响切削过程的稳定性和加工质量。合理的参数调整,可以减少切削力、切削热以及刀具磨损,从而提高加工精度。例如,在加工难切削材料时,适当降低切削速度和进给量,同时增大切削深度,有助于减少刀具的磨损和工件的变形。此外,选择更合适的刀具和夹具也是提高加工精度的关键。刀具的材质、几何角度和刃磨质量等因素都会影响切削效果和加工精度。因此,制造商应根据具体的加工需求,选择性能优良的刀具,并定期对其进行检查和更换。夹具的设计和使用也应充分考虑工件的定位精度和夹紧力,以确保工件在加工过程中的稳定性和准确性。引入先进的加工技术同样是提高加工精度的重要途径,随着科技的不断进步,数控加工、激光加工等先进技术已在机械制造领域得到广泛应用,这些技术具有高度的自动化和精度控制能力,能够显著提高加工过程的稳定性和效率。

(三)加强人员培训与管理

为了不断提升操作人员的技能,企业应定期开展针对性的技能培训。这些培训可以包括理论知识的讲解,如机械制造原理、材料科学等,以及实际操作技能的演练,如机床操作、刀具选择、夹具使用等。通过不断地练习和经验积累,操作人员的专业素养和操作熟练度将得到显著提升。除了技能培训,企业还应注重培养操作人员的工作态度。通过企业文化宣传、激励机制等手段,引导操作人员树立质量意识,明确自身在质量保证体系中的重要角色。一个具有积极工作态度的操作人员,将更有可能在加工过程中保持高度的专注和严谨,从而有助于减少人为因素导致的误差。建立完善的质量管理制度也是提高加工精度的关键。企业应明确各环节的质量责任,制定详细的质量控制标准和检验流程。

(四)应用先进技术

随着科技的飞速发展,机械制造领域正在不断涌现出各种先进技术,为提高加工精度提供了有力支持,企业应积极引进和应用这些技术,以提升自身的制造水平和市场竞争力。计算机辅助设计(CAD)和计算机辅助制造(CAM)技术的引入,使得零件设计和加工过程控制更加精确。通过CAD技术,设人员可以高效地进行零件的三维建模和仿真分析,从而在设计阶段就优化产品的结构和性能。而CAM技术则能将CAD模型直接转换为机床可执行的加工指令,大幅提高加工的自动化程度和精度。此外,传感器和物联网技术的应用也为加工精度的提升带来了革命性的变化。通过在机床、刀具、夹具等关键部位安装传感器,企业可以实时监测加工过程中的各种参数,如温度、振动、切削力等,这些数据不仅可以用于及时发现并处理异常情况,还能为后续的工艺改进提供有力支持。

四、加工精度的检测与评定

(一)加工精度的检测方法

加工精度的检测在机械制造过程中占据着举足轻重的地位,它是确保产品质量不可或缺的环节。通过精确的检测方法,制造商能够及时发现并纠正加工过程中可能出现的误差,从而确保每一件产品都能达到既定的质量标准。直接测量法是加工精度检测中最常用且直观的方法之一。它依赖于各种精密的量具和仪器,如千分尺、游标卡尺、光学比较仪等,直接对工件的尺寸和形状进行测量。这种方法的优势在于其直接性和准确性,能够提供工件实际尺寸的直观数据。然而,它也可能受到量具精度和操作人员技能水平的影响。间接测量法则是在某些情况下,当直接测量难以实施或精度要求更高时采用的方法。它通过测量与工件相关的其他参数,如角度、压力、温度等,再利用数学关系或经验公式来推算出工件的尺寸和形状。这种方法在某些复杂或精密的加工过程中尤为适用,但也需要操作人员具备较高的专业素养和计算能力。

(二)加工精度的评定标准

尺寸精度是评定加工精度时首要考虑的因素之一,它主要评估工件的尺寸是否符合设计要求,包括长度、宽度、高度以及直径等关键尺寸。通过严格的尺寸精度控制,确保工件在装配和使用过程中的互换性和协调性。形状精度则关注工件的形状是否与理想形状一致。在加工过程中,由于各种因素的影响,工件的实际形状可能会与设计形状产生偏差。形状精度的评定有助于及时发现并纠正这些偏差,确保工件的形状满足功能需求。位置精度涉及工件上各要素之间的相对位置关系是否准确。在复杂的机械系统中,各部件之间的相对位置关系对于整体性能至关重要。位置精度的评定能够确保工件在装配后准确地对齐和配合,从而保证系统的稳定运行。

(三)检测与评定流程的优化

引入自动化检测设备是优化流程的关键一步,这些设备能够减少人为操作误差,增强检测的准确性和一致性。自动化检测设备可以连续工作,不受操作人员疲劳和主观性的影响,从而确保每个工件都得到客观、准确的评估。建立完善的检测数据管理系统也是必不可少的。该系统能够实现数据的实时采集、分析和存储,为企业提供宝贵的生产数据和质量信息。通过对这些数据的深入分析,企业可以及时发现生产过程中的问题,并采取相应的措施进行改进,从而不断提高产品质量水平。此外,利用统计技术对检测数据进行处理也是优化流程的重要环节。统计技术可以帮助企业更准确地评估加工过程的稳定性和产品质量水平,为决策提供科学依据。

(四)不合格品的处理与改进

在机械制造过程中,不合格品的出现是不可避免的,但关键在于如何妥善处理这些不合格品,并从中汲取经验教训进行持续改进。对于检测与评定过程中发现的不合格品,企业应及时采取措施进行处理。要对不合格品进行详细的分类和记录,明确其不合格的原因和性质。对于可修复的不合格品,企业应制定相应的修复方案,并指定专业人员负责修复工作。修复完成后,这些产品应重新进行检测和评定,确保其达到合格标准后方可流入下一环节。然而,并非所有不合格品都能得以修复。对于不可修复的不合格品,企业应果断进行报废处理,防止其流入市场造成不良影响。企业还应深入分析这些不合格品产生的原因,从源头上查找问题所在。

第二节 加工原理误差对加工精度的影响

一、加工原理误差概述

(一)加工原理误差的定义

在深入探讨机械加工领域的细节时,加工原理误差这一概念显得尤为关键,加工原理误差,顾名思义,是指在机械加工过程中由于各种因素导致的实际加工结果与预期目标之间的偏差。这种误差并非偶然出现,而是由于机床、刀具、夹具以及工件之间的相对运动关系与理想状态之间存在不可避免的差异。这种差异在加工过程中逐渐累积,最终体现在工件的加工精度和质量上。为了更全面地理解加工原理误差,需要明确它与其他类型误差的区别。相较于操作误差、设备误差等,加工原理误差更多地关注于加工过程中的基本原理和运动关系。换言之,它涉及机械加工工艺设计和实施的核心环节。因此,在追求高精度加工的今天,对加工原理误差的深入研究和有效控制显得尤为重要。

(二)加工原理误差的重要性

加工原理误差在机械加工领域的重要性不言而喻。它不仅是衡量机械加工工艺水平的关键指标,更是评价一个加工工艺是否优秀的重要标准。一个能够最大限度地减小加工原理误差的加工工艺,无疑能够在提高工件加工精度和质量方面展现出显著优势。此外,加工原理误差的研究还具有深远的实际意义。通过深入分析加工原理误差的来源和影响因素,工艺人员可以更加准确地找到导致误差产生的根本原因,从而有针对性地改进加工工艺。这种改进不仅有助于提升生产效率,还能在降低生产成本方面发挥积极作用。更重要的是,随着对加工原理误差认识的不断深入,将有望推动整个机械加工行业向更高精度、更高效率的方向发展。

(三) 加工原理误差与加工精度的关系

在机械加工过程中,加工精度是衡量工件质量的重要指标之一,它体现了工件在加工过程中达到的准确度和精确度水平。然而,实际加工过程中往往难以完全达到理论上的精度要求,其中很大程度上是由于加工原理误差的存在。加工原理误差与加工精度之间存在着紧密的联系。从某种程度上来说,加工原理误差的大小直接决定了工件加工后的实际尺寸、形状和位置与预期目标之间的偏差程度。这种偏差不仅影响了工件的外观质量,更可能对其使用性能和寿命产生不良影响。因此,在机械加工过程中,要想获得高精度的工件,就必须对加工原理误差进行严格控制。为了减小加工原理误差对加工精度的影响,工艺人员需要从多个方面入手。首先,优化加工工艺参数是关键,通过选择合适的切削速度、进给量以及调整刀具角度等措施,可以有效降低加工过程中的切削力和振动,从而减少误差的产生;其次,提高机床精度与稳定性也是重要途径,选用高精度机床和附件、加强机床的维护与保养工作等措施都有助于增强机床的整体性能,进而减小加工误差。

二、加工原理误差的分类

(一) 系统误差与随机误差

系统误差是指在加工过程中,由于某些特定因素的影响而使得加工结果偏离理想状态的一种误差。这种误差在相同的加工条件下会重复出现,且大小和方向通常保持不变。系统误差的来源可能包括机床的几何精度误差、刀具的磨损、夹具的定位误差等。系统误差具有一定的规律性和可预测性,因此可以通过对加工设备和工艺参数进行精确调整和校准来减小其影响。随机误差则是指在加工过程中,由于各种偶然因素的干扰而使得加工结果产生不可预测的波动。这种误差的大小和方向都是随机的,且无法事先确定。随机误差的来源可能包括环境温度的微小变化、材料的内部应力、操作人员的技能水平差异等。随机误差具有不确定性和不可重复性,因此很难通过单一的措施来完全消除,但可以通过统计分析和工艺优化来降低其对加工精度的影响。

(二)静态误差与动态误差

静态误差是指在加工过程中,当机床、刀具和工件处于相对静止状态时存在的误差,这种误差主要来源于机床的几何精度、刀具的形状和尺寸误差以及工件的定位误差等。静态误差对加工精度的影响是固定的,不随加工过程的进行而改变。因此,可以通过提高机床和刀具的制造精度、改进工件的定位方式等措施来减小静态误差。动态误差则是指在加工过程中,由于机床、刀具和工件之间的相对运动而产生的误差。这种误差的大小和方向会随着加工过程的进行而不断变化。动态误差的来源可能包括机床的振动、刀具的磨损和破损、工件的变形等。动态误差对加工精度的影响是复杂的,因为它涉及多个因素的相互作用。为了减小动态误差,需要综合考虑机床的动态特性、刀具的耐用度以及工件的刚度等因素,并采取相应的措施进行优化。例如,可以通过改进机床的结构设计、选择合适的刀具材料和切削参数、加强工件的夹紧力等方式来降低动态误差的影响。

三、加工原理误差对加工精度的具体影响

(一)加工原理误差对尺寸精度的影响

在机械加工过程中,尺寸精度可能源于多个方面,其中机床、刀具和夹具的误差是主要因素。以机床为例,如果机床主轴存在径向跳动,那么在旋转过程中,主轴的实际轴线会围绕理论轴线做周期性的微小移动。这种移动会导致刀具在切削工件时产生不均匀的切削深度,进而使得加工出的工件直径不均匀,影响尺寸精度。同样,刀具的磨损也是一个不可忽视的因素。随着刀具

使用时间的增长,其刃口会逐渐磨损,导致切削深度发生变化。如果刀具磨损严重且未及时更换,那么加工出的工件尺寸将会明显偏离设计值,这些加工原理误差如果不及时校正,将会持续影响加工过程,导致大量工件尺寸超差,不仅会降低产品质量,还可能引发一系列连锁问题,如装配困难、产品性能下降等。

(二)加工原理误差对形状精度的影响

形状精度是评价工件质量的重要方面,它反映了工件表面几何形状与理想形状之间的吻合程度。然而,在机械加工过程中,加工原理误差往往会对形状精度造成显著影响,从而降低工件的整体质量。具体来说,当机床导轨存在直线度误差时,这种误差会直接导致刀具在切削过程中产生偏离理想轨迹的运动。加工出的工件表面可能呈现出波浪形、弯曲或其他不规则形状,严重破坏了工件的形状精度。此外,刀具本身的形状误差也是一个重要的影响因素。如果刀具的刃部存在缺陷或不规则,这些误差将直接"复制"到工件表面,导致形状精度下降。这些形状精度上的误差不仅会影响工件的外观美观性,更重要的是,它们还可能对工件的使用性能产生负面影响。例如,在精密机械部件中,形状精度的微小偏差都可能导致装配困难、运动干涉或性能下降等问题。

(三)加工原理误差对位置精度的影响

在机械加工领域,位置精度是确保工件各要素之间相对位置关系准确性的关键,然而,加工原理误差常常对位置精度构成挑战,进而影响工件的整体质量和性能。具体来说,当机床的定位精度不足时,工件上加工出的孔、槽或其他特征的位置就可能偏离设计预定的位置。这种偏离可能是由于机床导轨的误差、主轴的窜动或数控系统的定位误差所导致的。这些误差累积起来,就会使得工件的实际位置与理论位置产生显著偏差,从而降低位置精度。此外,夹具的定位误差也是一个不容忽视的因素。夹具在机械加工中起着固定工件、保证加工位置准确的作用。然而,如果夹具本身存在定位误差,或者在使用过程中发生松动或变形,就会导致工件在加工过程中的位置发生变动。这种变动同样会影响工件上各要素之间的相对位置关系,进而损害位置精度。位置精度的降低可能会引发一系列问题。例如,在装配过程中,如果工件的位置精度不达标,就可能导致装配困难、配合间隙过大或过小,甚至引发运动干涉。

(四)加工原理误差对表面粗糙度的影响

表面粗糙度作为衡量工件表面质量的关键指标,在机械加工中具有重要意义,然而,加工原理误差往往会对表面粗糙度产生不利影响,从而降低工件的表面质量和整体性能。具体而言,刀具的刃口状态对表面粗糙度具有直接影响。当刀具刃口不锋利或存在磨损大,其在切削过程中就难以将材料均匀去除,从而在工件表面留下深浅不一、形状不规则的切削痕迹。这些痕迹会增大工件表面的微观不平度,导致表面粗糙度增大。此外,机床的振动和不稳定性也是影响表面粗糙度的重要因素。在加工过程中,如果机床发生振动或不稳定现象,就会导致刀具与工件之间的相对位置发生瞬时变化。这种变化会使得切削力、切削深度和切削速度等参数发生波动,从而在工件表面形成波纹、毛刺等缺陷,进一步降低表面粗糙度。表面粗糙度的增加不仅会影响工件的外观美观性和手感舒适度,还可能对其耐磨性、耐腐蚀性和配合性能等产生负面影响。因此,为了获得高质量的工件表面,必须密切关注加工原理误差对表面粗糙度的影响,并采取相应的措施进行控制和优化。

四、减少加工原理误差的措施与方法

(一)优化加工工艺参数

1.选择合适的切削速度与进给量

切削速度和进给量是机械加工中的关键参数,直接影响加工质量和效率,选择合适的切削速度与进给量,可以有效减少加工误差。过高的切削速度可能导致刀具磨损加剧,而过低的进给量则可能增加加工时间并影响表面质量。因此,应根据工件材料、刀具类型和机床性能等因素,综合考虑并优化这两个参数,以实现最佳的加工效果。

2.合理调整刀具角度与刃磨参数

刀具的角度和刃磨状态对加工精度和表面质量有着重要影响,合理调整刀具的前角、后角和刃倾角等角度,以及定期进行刀具的刃磨和修整,可以保持刀具的锋利度和切削性能,从而减少加工过程中的切削力和振动,降低加工原理误差。应根据加工需求和刀具磨损情况,及时调整刃磨参数,确保刀具始终处于最佳工作状态。

(二)提高机床精度与稳定性

1.选用高精度机床与附件

高精度机床和附件是保证加工精度的基础,选用具有高刚性、高精度和高稳定性的机床和附件,可以有效减少机床本身的误差,提高加工精度。应关注机床的制造精度、装配精度和调试精度等方面,确保机床在整体性能上满足高精度加工的需求。

2.加强机床的维护与保养工作

机床的维护与保养对于保持其精度和稳定性至关重要,应定期检查机床的导轨、主轴、丝杠等关键部件的磨损情况,及时进行润滑、调整和更换。应做好机床的清洁工作,避免灰尘和杂物对机床精度的影响。通过加强维护与保养,可以延长机床的使用寿命,并保持其良好的工作状态,从而减少加工原理误差。

(三)采用先进的加工技术与设备

1.数控加工技术的应用

数控加工技术具有高精度、高效率和灵活性的特点,是现代机械加工领域的重要发展方向。通过采用数控加工技术,可以实现加工过程的自动化和精确控制,减少人为因素导致的误差。数控系统具有强大的数据处理能力,可以根据加工需求实时调整加工参数,优化加工过程,从而降低加工误差。

2.超精密加工技术的推广与应用

超精密加工技术是针对高精度加工需求而发展起来的一种先进加工技术,通过采用特殊的加工方法、材料和设备,可以实现亚微米甚至纳米级别的加工精度。超精密加工技术的应用范围广泛,包括光学元件、半导体器件、精密模具等领域。通过推广和应用超精密加工技术,可以进一步提升加工精度和质量,满足高精度产品的制造需求,并有效减少加工误差。

第三节 机床误差对加工精度的影响

一、机床误差概述

(一)机床误差定义

机床误差指的是在机床的制造、装配、调试或使用等各个阶段中,由于材料、工艺、环境或操作等多种原因,机床的实际运动轨迹与理论设计轨迹之间出现了偏差。这种偏差并非偶然现象,而是机床性能评价中不可或缺的一项指标。机床误差的存在和大小,直接影响加工工件的精度和质量,进而关系着整个机械系统的稳定性和可靠性。为了更深入地理解机床误差,需要明确它不仅包括机床各部件之间的相对位置误差,还涉及机床在运动过程中的动态误差。这些误差可能源于机床零部件的制造缺陷、装配过程中的间隙配合问题,或是机床长时间使用后由于磨损、热变形等因素引起的性能下降。因此,对机床误差的准确定义和全面分析,是提升机械加工精度、优化生产流程的关键环节。

(二)机床误差的重要性

在机械加工过程中,机床扮演着至关重要的角色,作为实现工件加工的主要设备,机床的精度性能直接关系加工工件的精度和质量。一旦机床存在误差,这些误差将不可避免地传递到加工工件上,导致工件尺寸、形状、位置等方面偏离设计要求。这种偏离不仅影响产品的外观和装配性能,更可能降低产品的整体性能和使用寿命。因此,对机床误差的深入研究和有效控制显得尤为重要。通过了解机床误差的来源和分类,分析其对加工精度的影响机制,可以为提高加工精度、优化加工工艺提供有力支持。随着现代制造技术的不断发展,各种机械加工对机床精度的要求也越来越高。这就要求必须更加重视机床误差问题,积极探索有效的误差控制和补偿方法,以推动机床技术的持续进步和产业升级。

(三)机床误差的分类

机床误差的分类是研究和控制机床误差的基础,根据不同的分类标准,机床误差可以划分为多种类型。按照误差产生的阶段来分,机床误差主要包括制造误差、装配误差和使用误差。制造误差源于机床零部件在加工过程中的各种因素导致的精度损失;装配误差则是由于零部件在装配过程中配合间隙、装配顺序等问题引起的;而使用误差则是在长期使用过程中由于磨损、热变形等原因导致机床性能下降。此外,按照误差的性质来分,机床误差又可分为静态误差和动态误差。静态误差是指机床在不工作状态下各部件之间的相对位置误差;而动态误差则是指机床在工作状态下由于振动、热变形等因素引起的实时变化误差。这些不同类型的误差对机床加工精度的影响方式和程度各不相同,因此需要有针对性地进行分析和控制。最后,按照误差对加工精度的影响方向来分,机床误差还可分为定位误差、直线度误差、角度误差等。定位误差主要影响工件在机床上的定位精度;直线度误差则会导致工件表面出现弯曲或扭曲等形状缺陷;而角度误差则会影响工件各要素之间的相对角度关系。

二、机床误差的来源

(一)机床制造误差

在机床的制造过程中,尽管有着严格的工艺要求和精密的加工设备,但由于各种因素的影响,如原材料的性能波动、加工设备的精度限制、工艺方法的不完善以及检测手段的局限性等,机床的零部件难以完全达到设计要求的精度。这些微小的偏差在机床的整体装配和使用过程中会逐渐累积,最终导致机床的实际运动轨迹与理想轨迹产生明显的偏差。制造误差的表现形式多种多样,如零部件的尺寸超差、形状不规则、位置度不准确等。这些误差不仅会影响机床的装配精度,更会在机床使用过程中对加工工件的精度造成直接影响。例如,如果机床主轴的制造精度不高,那么在高速旋转时就会产生明显的径向跳动和轴向窜动,从而导致加工出的工件尺寸不稳定、表面粗糙度增加。为了减少机床的制造误差,制造商需要不断提高加工设备的精度和稳定性,优化工艺方法,加强原材料的质量控制,并采用更先进的检测手段来确保每一个零部件的精度都符合设计要求。

(二)机床装配误差

机床的装配误差同样不容忽视。在机床的装配过程中,由于零部件之间的配合间隙、装配顺序的不合理以及装配工艺的不当等因素,装配后的机床存在明显的误差。这些误差往往表现为机床各部件之间的相对位置不准确、运动不平稳等,严重影响机床的加工精度和稳定性。例如,如果机床的导轨与滑块之间的配合间隙过大,那么在机床工作时就会产生明显的晃动和爬行现象,从而导致加工出的工件形状不规则、尺寸超差。此外,装配过程中没有严格按照规定的顺序进行,或者使用了不合适的装配工具和工艺方法,也可能导致机床的内部应力分布不均,进而影响机床的长期使用性能和精度稳定性。为了避免装配误差的产生,装配工人需要具备丰富的实践经验和专业技能,严格按照装配工艺要求进行操作；制造商也需要提供完善的装配指导和检测手段，确保每一台机床在出厂前都能达到预期的精度标准。

（三）机床使用误差

随着机床使用时间的延长，各种磨损、热变形、振动等不利因素会逐渐显现，导致机床的实际运动轨迹逐渐偏离理想轨迹。这种使用误差是动态的、不断变化的，因此更难以预测和控制。例如，机床的主轴和导轨等关键部件在长期使用过程中会因磨损而导致精度下降，进而影响加工工件的精度和质量。此外，机床在工作过程中会产生大量的热量，如果散热系统不完善或者环境温度过高，就可能导致机床的热变形现象加剧，从而进一步增加使用误差。机床的振动也是一个不可忽视的问题。无论是来自外部环境的振动还是机床自身工作产生的振动，都可能对机床的加工精度造成不利影响。为了减小机床的使用误差，使用者需要定期对机床进行维护保养和精度检测，及时发现并处理存在的问题，也需要关注机床的使用环境和工作条件，确保机床在稳定、可靠的状态下运行。此外，通过采用先进的误差补偿技术和控制策略，也可以在一定程度上对机床的使用误差进行补偿和校正，从而提高加工工件的精度和质量。

三、机床误差对加工精度的影响分析

（一）机床误差对基本加工精度指标的影响

1.对尺寸精度的影响

在机械加工过程中，工件的尺寸精度可能表现为工件的实际尺寸大于或小于设计尺寸，从而导致工件无法满足装配或使用要求。机床主轴的径向跳动和轴向窜动是引起尺寸精度误差的主要原因之一。当主轴存在径向跳动时，刀具在切削过程中会产生不稳定的切削力，导致工件表面形成不均匀的切削痕迹，进而影响工件的尺寸精度。而主轴的轴向窜动则会导致刀具在进给过程中产生额外的位移，使得工件的实际切削深度与设计值产生偏差。此外，导轨的直线度误差也是影响尺寸精度的重要因素。导轨作为机床的重要部件,其直线度误差会直接影响刀具的运动轨迹。当导轨存在直线度误差时,刀具在移动过程中会产生偏离理想轨迹的现象,从而导致加工出来的工件尺寸不准确。

2.对形状精度的影响

形状精度是衡量工件质量的关键指标,它体现了工件表面几何形状与理想形状之间的吻合度。然而,机床误差常常对形状精度造成不利影响,导致工件产生形状畸变,如弯曲、扭曲等。这些形状缺陷不仅损害工件的外观美观性,更可能削弱其使用性能和寿命。机床导轨的直线度和平面度误差是造成形状精度问题的主要原因。导轨作为引导刀具运动的基准部件,其精度直接决定了刀具运动轨迹的准确性。当导轨存在直线度误差时,刀具在加工过程中会偏离理想的直线运动轨迹,导致工件表面出现不必要的弯曲或凹凸。同样,平面度误差也会使刀具在加工平面时产生不均匀的切削,造成工件形状的扭曲或不平整。除了导轨误差外,机床其他部件的误差也可能对形状精度产生影响。例如,主轴的旋转精度不高会导致工件在圆周方向上产生形状偏差;刀具的磨损或安装不当也可能引起加工过程中的形状失真。为了提高工件的形状精度,需要从多个方面入手减少机床误差,包括提升机床各部件的制造和装配精度、定期检查和调整机床的工作状态、选用合适的刀具和切削参数等。

(二)机床误差对高级加工精度指标的影响

1.对位置精度的影响

位置精度在机械加工中占据着举足轻重的地位,它关乎工件上各个要素之间的相对位置关系,是确保产品装配质量和使用效果的关键。然而,机床误差,尤其是定位精度的不足,往往会对位置精度造成显著影响。当机床的定位系统存在误差时,加工出的工件特征位置很容易偏离设计预定位置,这种偏离可能表现为孔位的偏移、槽宽的不均等或者端面的倾斜等。这种位置偏差在产品的装配过程中可能引发一系列问题。例如,配合间隙过大可能导致工件之间的松动和不稳定，影响产品的整体刚性和使用寿命；而配合间隙过小则可能引发运动干涉，使得部件在相对运动时产生摩擦和磨损，甚至导致卡死或损坏。此外，位置精度的不足还可能影响产品的密封性能，导致液体或气体泄漏，进而降低产品的使用效果和安全性。为了提高位置精度，需要从机床的误差控制入手，通过提升机床的定位精度、加强工装的刚性和稳定性、优化加工工艺参数等措施，可以有效减小机床误差对位置精度的影响。

2.对表面粗糙度的影响

表面粗糙度作为衡量工件表面质量的重要指标，直接关系着工件的外观美观性、使用性能以及寿命。机床误差对表面粗糙度的影响不容忽视，它主要通过机床的振动、不稳定性以及刀具与工件之间的相对位置瞬时变化等因素来体现。当机床存在振动时，无论是来源于机床自身的工作振动还是外部环境的干扰振动，都会对刀具与工件之间的相对运动造成干扰。这种干扰会使得刀具在切削过程中产生不稳定的切削力，导致工件表面形成不规则的切削痕迹，进而提高表面的粗糙度。机床的不稳定性，如导轨的爬行、主轴的窜动等，也会引起刀具与工件之间相对位置的瞬时变化，从而在工件表面留下不良的切削纹理。表面粗糙度的增加不仅会降低工件的外观美观性和手感舒适度，更重要的是它可能影响工件的使用性能。例如，粗糙的表面可能降低工件的耐磨性，使其在摩擦过程中更容易磨损；粗糙的表面还可能降低工件的耐腐蚀性和密封性能，导致工件在恶劣环境下更容易受到腐蚀或泄漏。

第四节 加工过程误差对加工精度的影响

一、加工精度与误差的关系

(一)加工精度的定义

加工精度，作为机械制造业中的一个核心概念，涉及零件经过一系列加工工序后所达到的几何参数状态。这些几何参数,包括但不限于尺寸、形状以及位置,是评判零件是否满足设计要求和使用性能的关键指标。理想状态,顾名思义,是设计师在图纸上所标注的完美状态,而实际加工出的零件,其几何参数与这一理想状态之间的吻合度,便构成了加工精度的实质。这种吻合度越高,意味着加工过程中引入的误差越小,零件的质量也就越高。因此,加工精度不仅是衡量机械加工质量的重要指标,更是确保产品性能和使用寿命的关键因素。

(二)误差对加工精度的影响

在机械加工领域,误差是一个不可避免的存在,它指的是在加工过程中,由于各种因素的影响,导致实际加工结果与理想状态之间产生的偏差。这种偏差可能表现为尺寸的超差、形状的失真或位置的偏移等,直接影响零件的加工精度。误差的大小与加工精度之间存在着密切的负相关关系:误差越小,说明加工过程中对各种因素的控制越精确,加工精度自然越高;反之,误差越大,则意味着加工过程中的不确定性增强,加工精度相应降低。因此,深入理解误差的来源、性质及其对加工精度的影响机制,对于提高机械加工质量具有重要意义。

(三)控制误差以提高加工精度

提高加工精度是机械制造业持续追求的目标,而实现这一目标的关键在于有效控制加工过程中的各种误差。误差的来源多种多样,可能来自机床本身的精度限制、刀具的磨损与变形、夹具的定位不准确,或是加工工艺的不合理等。因此,要提高加工精度,必须从这些方面入手,采取综合性的措施进行误差控制。例如,通过选用高精度的机床和刀具、优化夹具设计以提高定位精度、制定合理的加工工艺参数等。此外,还应加强加工过程中的质量监控与检测,及时发现并纠正偏差,从而确保零件的加工精度满足设计要求。这些措施的实施不仅有助于提高产品的质量和性能,还能增强企业的市场竞争力,推动机械制造业的持续发展。

二、机床精度对加工精度的影响

（一）机床精度的含义

机床精度作为衡量机床性能的重要指标，涉及机床在制造和装配过程中所展现出的精确程度。这一精度并非单一维度，而是涵盖了多个方面，包括几何精度、传动精度和运动精度等。几何精度主要关注机床各部件的形状和位置精度，确保机床在静态状态下能够达到预定的精确标准。传动精度则侧重于机床传动系统的准确性，涉及齿轮、丝杠等传动元件的精度和稳定性。而运动精度则着眼于机床在执行加工动作时的动态性能，包括主轴的旋转精度、进给系统的定位精度等。这些精度指标共同构成了机床精度的完整体系，为工件的高精度加工提供了基础保障。

（二）机床精度对加工精度的影响机制

在机械加工过程中，机床的精度对工件的加工精度具有直接且显著的影响，如果机床的精度不高，那么在加工过程中就难以保证工件的尺寸、形状和位置等几何参数的准确性。具体来说，机床的几何精度不足可能导致工件在加工后出现尺寸偏差，如直径过大或过小、长度不足或超长等。机床的传动精度和运动精度问题也可能引发工件的形状失真，如平面度不佳、圆度不够等，这些问题不仅会降低工件的加工精度，还可能影响其使用性能和寿命。因此，确保机床的高精度是提升工件加工精度的关键所在。

（三）提高机床精度的方法

为了提高机床的精度，进而提升工件的加工精度，可以采取多种有效措施。首先，选用高精度机床是根本之策。高精度机床在制造和装配过程中都经过了更为严格的控制和检测，能够确保机床的各项精度指标达到较高水平。

其次,定期维护和保养机床也是必不可少的。通过定期检查和调整机床的各部件,及时更换磨损的零件,可以保持机床的精度状态并延长其使用寿命。此外,优化机床的装配工艺同样重要。采用先进的装配技术和工艺方法,能够确保机床各部件的精确装配和协同工作,从而提高机床的整体精度性能。以上措施的综合应用将有效提升机床的精度水平,为工件的高精度加工提供有力支持。

三、刀具磨损对加工精度的影响

(一) 刀具磨损的原因和类型

在机械加工中,刀具磨损是一个不可避免的现象,刀具在切削工件时,与工件材料之间发生剧烈的摩擦和冲击,随着时间的推移,刀具逐渐磨损。这种磨损的原因主要包括切削过程中的高温、高压以及工件材料的硬度等因素。根据磨损发生的位置和形态,刀具磨损可分为前刀面磨损、后刀面磨损和边界磨损等类型。前刀面磨损主要发生在刀具的前刀面上,表现为刀尖变钝、刀刃不锋利;后刀面磨损则发生在刀具的后刀面上,导致刀具与工件之间的间隙增大;而边界磨损则发生在刀具与工件接触的边缘区域,通常是由于切削过程中的振动和冲击引起的。

(二) 刀具磨损对加工精度的影响表现

随着刀具的磨损,切削力会逐渐增大,切削温度也会升高。这些变化会直接影响工件的加工质量,导致工件的尺寸精度下降、表面粗糙度增加。具体来说,刀具磨损可能导致工件的尺寸偏小或偏大,形状和位置精度也会受到影响。在严重的情况下,刀具磨损甚至可能导致工件报废,给企业带来经济损失。因此,密切关注刀具的磨损情况,及时采取措施减少磨损,对于提高加工精度和保证产品质量至关重要。

(三) 减少刀具磨损的措施

为了减少刀具磨损,提高加工精度,可以采取一系列有效措施,首先,选用耐磨性好的刀具材料是关键。优质的刀具材料具有更高的硬度和耐磨性,能够延长刀具的使用寿命。其次,合理设计刀具结构也很重要。通过优化刀具的几何形状和参数,可以减少切削过程中的摩擦和冲击,从而降低磨损速度。此外,优化切削参数也是减少刀具磨损的有效途径。根据工件材料的特性和加工要求,选择合适的切削速度、进给量和切削深度,可以在保证加工效率的同时降低刀具磨损。最后,定期进行刀具的维护和更换也是必不可少的措施。通过定期检查刀具的磨损情况,及时更换磨损严重的刀具,可以确保加工过程中的刀具始终处于良好状态,从而提高加工精度和产品质量。

四、夹具定位精度对加工精度的影响

(一)夹具定位精度的概念

夹具定位精度,作为机械加工中的一个核心概念,涉及工件在机床上加工时的位置准确性。简单来说,它描述了夹具在装夹工件时,能否确保工件稳定且准确地位于预定的加工位置。这种定位精度是确保整个加工过程中,工件的每一个部分都能按照设计要求被精确加工的关键因素。当夹具定位精度高时,它能够为后续的切削、磨削或其他加工操作提供一个稳定且可靠的基准,从而确保加工出的工件满足高质量的标准。

(二)夹具定位精度对加工精度的影响方式

夹具定位精度的高低直接影响工件的加工精度,如果夹具的定位精度不高,那么在装夹工件时,就可能出现工件位置偏移、旋转或其他形式的偏差。这些偏差会随着加工的进行而逐渐放大,最终导致工件的尺寸精度和形状精度都受到影响。例如,一个原本应该被精确加工成圆形的工件,由于夹具定位精度的问题,可能在加工后出现椭圆形状或其他不规则形状,不仅无法满足设计要求,还可能导致整个机械系统的性能下降或出现故障。

(二)提高夹具定位精度的方法

为了提高夹具的定位精度,进而提升工件的加工精度,可以采取多种措施。首先,合理设计夹具结构是关键。一个好的夹具设计应该能够确保工件在装夹过程中稳定且准确地定位,还要考虑加工过程中的各种力和热变形的影响。其次,选用高精度定位元件也很重要。这些元件能够在微观层面上提供更精确的定位和支撑,从而确保工件在加工过程中的位置稳定性。此外,加强夹具的刚性和稳定性也是必不可少的措施。一个刚性好、稳定性高的夹具能够更好地抵抗加工过程中的各种干扰因素,从而确保工件的加工精度。最后,定期对夹具进行检查和调整也是保持其定位精度的重要手段。通过定期的检测和维护,可以及时发现并纠正夹具可能存在的问题,确保其始终处于最佳工作状态。

第五节 工艺系统的热变形对加工精度的影响

一、工艺系统的热源

引起工艺系统热变形的热源可分为内部热源和外部热源两大类。概括起来如图4-3所示。

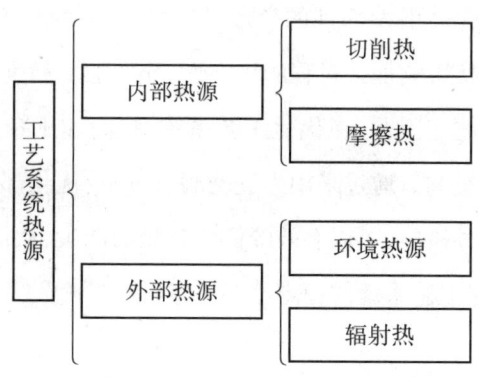

图4-3 工艺系统的热源

（一）切削热

切削热是切削加工过程中最主要的热源。在切削、磨削过程中，消耗于切削的弹、塑性变形能及刀具、工件和切屑之间摩擦的机械能，绝大部分都转变成了切削热。一般来讲，在车削加工中，切屑所带走的热量最多，可达50%~80%（切削速度越高，切屑带走的热量占总切削热的百分比就越大），传给工件的热量次之（约为30%），而传给刀具的热量则很少，一般不超过5%；对于铣削、刨削加工，传给工件的热量一般占总切削热的30%以下，对于钻削和卧式镗孔，因为有大量的切屑滞留在孔中，传给工件的热量就比车削时要高，如在钻孔加工中传给工件的热量超过50%；磨削时磨屑很小，带走的热量很少，加之砂轮为热的不良导体，致使大部分热量传入工件，磨削表面的温度可高达800~1 000 ℃。

（二）摩擦热

工艺系统中，摩擦热是一个不可忽视的因素。它主要由机床和液压系统中运动部件产生，例如电动机、轴承、齿轮等关键运动组件，在工作过程中都会因摩擦而产生热量。尽管与切削热相比，摩擦热的总量可能较少，但其局部性发热的特点使得其影响不容忽视。摩擦热在工艺系统中往往导致局部温升，这种局部的温度变化会引发部件的变形，进而破坏系统原有的几何精度。几何精度的丧失会直接影响加工过程的稳定性，导致加工精度下降，甚至可能引发更严重的质量问题。因此，在优化工艺系统、提高加工精度的过程中，必须充分考虑摩擦热的影响。通过采用先进的润滑技术、优化部件结构设计、提升材料抗热性能等多种措施，可以有效降低摩擦热的产生，从而减少其对加工精度的负面影响，确保工艺系统的稳定性和可靠性。

（三）外部热源的产生

外部热源的热辐射和周围环境温度的变化对机床热变形产生的影响，有时也是不容忽视的重要因素。特别是在加工大型工件时,由于加工过程往往需要昼夜连续进行,昼夜温度的差异会导致工艺系统产生不同的热变形,进而对加工精度造成影响。此外,照明灯光、加热器等设备产生的热辐射也不容忽视。这些设备通常会对机床产生局部的热辐射,导致机床局部温度升高并引发变形。尤其是日光对机床的照射,不仅具有局部性,其辐射热量和照射位置还会随着时间的变化而变化。这种不稳定的热辐射会引起机床各部分产生不同程度的温升和变形,对大型、精密加工的影响尤为显著。因此,在精密加工过程中,必须充分考虑外部热源和周围环境温度对机床热变形的影响。通过采取有效的隔热措施、合理安排加工时间、优化设备布局等方式,可以最大限度地减少这些因素的影响,确保加工精度的稳定性和可靠性。

二、工艺系统的热平衡和温度场

工艺系统在各种热源作用下,温度会逐渐升高,它们也通过各种传热方式向周围的介质散发热量。当工件、刀具和机床的温度达到某一数值时,单位时间内散出的热量与从热源传入的热量趋于相等,这时工艺系统就达到了热平衡状态。在热平衡状态下,工艺系统各部分的温度就保持在一个相对固定的数值上,因而各部分的热变形也就相对地趋于稳定。

由于作用于工艺系统各组成部分的热源的发热量,位置和作用时间各不相同,各部分的热容量,散热条件也不一样,因此各部分的温升是不相同的。即使是同一物体,处于不同空间位置上的各点在不同时间的温度也是不等的。物体中各点温度的分布称为温度场。当物体未达到热平衡时,各点温度不仅是坐标位置的函数,也是时间的函数。这种温度场称为不稳态温度场。物体达到热平衡后,各点温度将不再随时间而变化,而只是其坐标位置的函数,这种温度场则称为稳态温度场。

目前,对于温度场和热变形的研究,仍然着重于模型试验与实测。热电偶、热敏电阻、半导体温度计是常用的测温手段。测量技术落后,效率低,精度差,已不能满足现代机床热变形研究工作的要求。近年来,红外测温、激光全息照像、光导纤维等技术在机床热变形研究中已开始得到应用,成为深入研究工艺系统热变形的先进手段。例如,人们可以用红外热像仪将机床的温度场拍摄成一目了然的热像图,用激光全息技术拍摄变形场,用光导纤维引出发热信号传入热像仪测出工艺系统内部的局部升温。此外,由于电子计算机的广泛应用,对微分方程进行数值解的有限元法和有限差分法在热变形研究方面也有了很大的发展。

三、减少工艺系统热变形对加工精度影响的措施

(一)减少热源的发热和隔离热源

在切削过程中,切削热的产生是不可避免的,但可以通过精心选择切削参数、刀具材料和几何角度来降低其产生量。具体来说,合理的切削速度和进给量能够减少切削时产生的热量,而选用导热性能好的刀具材料则有助于热量的快速传导和散发。此外,刀具的几何角度也对切削热有影响,优化刀具设计能够进一步减少热量的产生。除了切削热,刀具与工件之间的摩擦热也是热源之一。因此,采用高效的冷却液和润滑系统至关重要。冷却液不仅能降低切削区域的温度,还能减少刀具与工件间的摩擦,从而降低摩擦热的产生。润滑系统能够确保切削过程的顺畅进行,进一步减少热量的生成。隔离热源是另一项关键措施。使用热屏障材料将热源与机床关键部件隔开,能够有效防止热量直接传递给机床,从而减少机床因受热而产生的变形。这种热屏障材料具有优异的隔热性能,能够确保机床在长时间工作过程中保持稳定的温度状态,进而保证加工精度。

(二)均衡温度场

均衡温度场在减少工艺系统热变形中扮演着举足轻重的角色,为了实现温度场的均衡分布,可以从优化机床结构和采用先进温度控制技术两方面入手。在机床结构设计方面,增大散热面积是一个有效的策略,通过合理布局机

床的散热结构,如散热片和散热风扇等,可以扩大散热面积,提高机床的散热效率。这样一来,机床在工作过程中产生的热量能够更快地散发出去,从而降低机床各部位的温度梯度,实现温度场的均衡分布。改善冷却液流通路径也是关键所在。冷却液在机床中起着至关重要的作用,它不仅能够降低切削区域的温度,还能带走部分热量,减少机床的热变形。因此,设计合理的冷却液流通路径至关重要。通过优化流道布局和提高冷却液流速,可以确保冷却液充分覆盖机床各部位,实现热量的有效传递和散发,从而进一步均衡温度场。除了机床结构的优化,采用先进的温度控制技术也是实现均衡温度场的关键手段。热电偶反馈调节系统作为一种实时监测并调整机床关键部位温度的技术,具有显著的优势。该系统通过热电偶传感器实时监测机床各部位的温度变化,并将数据传输给控制系统。控制系统根据预设的温度范围和实际监测数据,智能调整冷却液的流量和温度,以确保机床关键部位的温度稳定在设定范围内。

(三)机床部件的结构设计和装配基准

在设计阶段,工程师们必须深思熟虑,注重增强部件的刚性和热稳定性,刚性是部件抵抗变形的能力,而热稳定性则关乎部件在不同温度下的尺寸稳定性。为了实现这一目标,采用对称结构成为一种有效的策略。对称结构能够平衡温度梯度引起的应力,从而降低变形风险。此外,选择合适的材料也至关重要。材料的热膨胀系数直接影响部件在温度变化时的尺寸变化。因此,选用热膨胀系数低的材料有助于减少温度变化对部件尺寸的影响,进而提高加工精度。在装配方面,确保各部件之间的配合精度同样重要。精密的装配基准和调整方法是实现这一目标的关键。装配基准的选择应基于机床的整体设计和加工需求,确保各部件在装配过程中能够精确对齐。采用先进的调整方法,如激光校准和精密测量技术,可以进一步减小因装配误差导致的热变形。在这些措施的共同作用下,能够增强机床的热稳定性,从而确保加工过程中的精度和可靠性。

(四)加速达到热平衡状态

加速工艺系统达到热平衡状态对于降低热变形的影响至关重要,在机床启动初期,由于各部件温度分布不均,热变形问题尤为突出。因此,通过预热程序使机床快速升温至稳定工作状态成为一种有效的解决方案。预热程序可以缩短机床热变形的时间,使机床在短时间内达到一个相对稳定的温度状态。这样一来,不仅可以减少因温度波动引起的加工误差,还能提高机床的整体使用寿命。采用高效的热交换系统和智能温度控制技术也是加速达到热平衡状态的关键措施。高效的热交换系统能够确保机床内部热量的快速传递和散发,从而维持一个稳定的温度环境。而智能温度控制技术则能够实时监测机床各部位的温度变化,并根据预设参数进行自动调整。这种技术结合了先进的传感器和控制系统,能够在短时间内对温度变化做出响应,确保机床始终保持在最佳工作状态。

(五)控制环境温度

在加工车间内,环境温度的稳定对于保证机床和工件精度至关重要,为了实现这一目标,安装恒温设备成为一项关键举措。这些设备能够持续监测并调整车间内的温度,确保其稳定在设定的适宜范围内。通过这种方式,可以有效避免因环境温度波动而引起的机床和工件热变形问题,从而保障加工过程的稳定性和精度。除此之外,加强车间的通风换气同样重要。加工过程中会产生大量的热量和有害气体,如果不及时排除,不仅会对员工的健康造成威胁,还会影响加工质量和效率。因此,通过设置合理的通风系统,确保车间内空气流通,能够及时将这些热量和有害气体排出车间,保持车间内空气的清新。通风换气也有助于维持车间内温度的一致性,进一步减少因温度差异导致的热变形问题。

第五章 机械制造中的自动化与智能化技术

第一节 机械制造自动化技术的发展与应用

一、机械制造自动化的概念

机械制造自动化代表着现代工业制造的一种高级形态,它深度融合了自动化技术与机械制造工艺。在这一过程中,各种先进的自动化设备、传感器以及智能控制系统被广泛应用,使得传统的机械制造过程焕发出新的活力。通过自动化技术的引入,制造设备能够实现自主操作,减少了人为干预,从而极大提高了生产效率和产品的一致性。智能化的工艺流程管理可以实时监控生产过程中的各项参数,确保生产在安全、可控的环境下进行。这不仅有助于降低生产成本,因为减少了浪费和停机时间,还显著提升了产品质量和生产安全。总的来说,机械制造自动化是一种通过技术手段使机械制造过程更加智能化、高效化和精准化的革新方式,它正推动着整个机械制造业向着更高层次的发展迈进。

二、机械制造自动化技术的主要内容和作用

(一)机械制造自动化技术的主要内容

1.自动化加工技术

自动化加工技术是机械制造自动化的核心组成部分,通过数控机床、加工中心等高度自动化的设备,这一技术得以实现工件的自动加工。这些设备配

备有先进的数控系统,能够精确控制加工过程中的各项参数,如切削速度、进给量等,从而确保加工精度和效率达到最优。此外,自动化加工技术还能有效减少人为操作的失误,增强产品质量的稳定性,为制造业的转型升级提供了有力支持。

2.自动化检测技术

自动化检测技术利用先进的传感技术和检测设备,对工件进行全方位的自动检测,从而确保产品质量严格符合既定标准。这种技术能够实时、准确地检测出产品的各项性能指标,如尺寸精度、表面粗糙度等,为生产过程中的质量控制提供了可靠保障。通过自动化检测技术,企业可以及时发现并处理不合格产品,有效提升产品质量水平,增强市场竞争力。

3.自动化装配技术

自动化装配技术是机械制造自动化的关键环节,通过机械手、机器人等智能设备,该技术能够实现工件的自动装配,大幅提高装配速度和准确性。这些智能设备具备高度灵活性和精确性,能够适应各种复杂装配任务的需求。自动化装配技术还能有效降低工人的劳动强度,改善工作环境,提高生产效率。随着技术的不断发展,自动化装配将在机械制造领域发挥更加重要的作用。

4.自动化物流技术

自动化物流技术在机械制造自动化中占据着举足轻重的地位。通过运用智能物流系统,该技术能够实现原材料、半成品和成品的自动化搬运、存储和分拣。这种技术有效提高了物流效率和准确性,降低了物流成本,为企业节约了大量时间和资源。自动化物流技术还能优化库存管理,减少库存积压和浪费,提高企业的运营效率和营利能力。

5.自动化生产管理技术

自动化生产管理技术是机械制造自动化的重要组成部分,通过信息化管理系统,该技术能够对生产过程进行实时监控和调度,确保生产活动按计划进行。这种技术使企业能够全面掌握生产现场的实时情况,及时发现并解决问题,保障生产过程的稳定性和高效性。自动化生产管理技术还能优化资源配置,增强生产计划的灵活性和准确性,为企业的可持续发展提供有力支持。在数字化、智能化的时代背景下,自动化生产管理技术将成为制造业转型升级的关键驱动力。

(二)机械制造自动化技术的作用

1.提高生产效率

自动化技术的引入,使得机械制造过程中大量重复性工作得以高效完成,在传统的生产方式中,许多简单但重复的任务需要人工进行,不仅耗时耗力,而且效率有限。而自动化技术通过编程和控制系统,可以连续不间断地完成这些任务,从而大幅提高了生产效率。这意味着在相同的时间内,企业可以生产出更多的产品,更好地满足市场需求,提升企业的竞争力。

2.降低生产成本

自动化技术的应用显著减少了生产过程中对人力资源的依赖,从而降低了人力成本。此外,自动化技术还能够减少因人为操作失误导致的生产浪费和损失。在传统的生产方式中,人为因素往往是导致生产效率和产品质量下降的主要原因之一。而自动化技术通过精确的控制系统,可以有效避免这类问题的发生,进一步降低生产成本,提高企业的经济效益。

3.提升产品质量

自动化检测和精密加工技术是提升产品质量的关键,在传统的生产方式中,产品质量往往受到人为因素的影响,难以保证产品的一致性和精度。而自动化检测技术可以对生产过程中的每一个环节进行实时监控,及时发现并处理潜在的质量问题。精密加工技术能够确保产品的精度和稳定性,从而提高产品的整体质量。这不仅满足了消费者对高品质产品的需求,也提升了企业的品牌形象和市场竞争力。

4.增强生产安全

自动化技术通过替代工人在危险环境中的工作,显著降低了工人在生产过程中面临的安全风险。在传统的生产方式中,工人往往需要直接接触危险的生产设备和环境,容易发生安全事故。而自动化技术可以将这些危险的任务交由机器来完成,从而减少工人与危险源的直接接触,有效降低生产安全事故的发生率。这不仅保障了工人的生命安全,也为企业避免了安全事故带来的经济损失和负面影响。

5.促进产业升级

机械制造自动化技术的推广和应用是推动机械制造业产业升级和创新发展的关键力量。随着科技的不断发展,自动化技术也在不断进步和完善,为机械制造业带来了更多的创新机遇和发展空间。通过引入自动化技术,企业可以实现生产过程的智能化、高效化和精准化,提升整个行业的生产效率和产品质量水平。自动化技术还推动了机械制造业与其他产业的融合发展,为整个产业链的优化和升级提供了有力支持。

三、机械制造自动化技术生产模式的发展历程

回顾历史,机械制造自动化技术生产模式经历了以下几个主要发展阶段(见图5-1)。

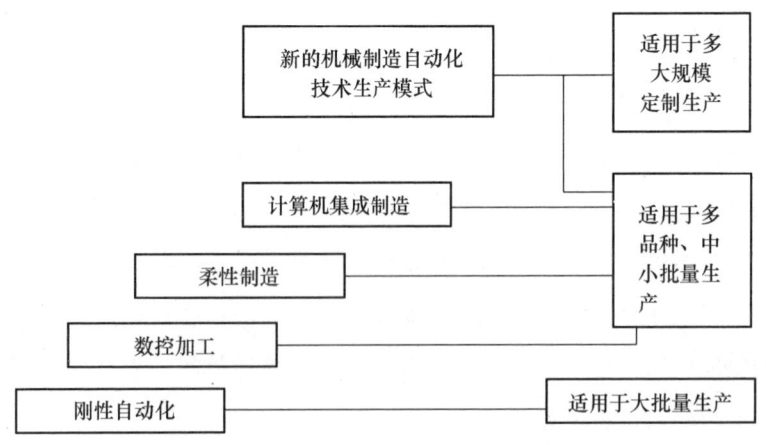

图5-1 机械制造自动化发展的5个阶段

(一)第一阶段:刚性自动化

刚性自动化是机械制造自动化的初步形态,它在20世纪四五十年代已经达到成熟。这一阶段的自动化技术主要体现在自动单机和刚性自动线的应用上。这些设备采用传统的机械设计与制造工艺方法,结合专用机床和组合机床,形成了高效、稳定的生产线。然而,刚性自动化的特点也在于其结构的刚性,一旦设定,很难改变生产的产品类型。尽管如此,刚性自动化技术的引入,如继电器程序控制、组合机床等,仍然极大地推动了机械制造行业的发展,提高了生产效率。

(二)第二阶段:数控加工

随着科技的进步,数控加工逐渐成了机械制造自动化的新方向,数控加工设备,包括数控机床、加工中心等,以其柔性好、加工质量高的特点,迅速在多品种、中小批量生产领域占据了一席之地。与刚性自动化相比,数控加工更加灵活,能够适应不断变化的市场需求。数控技术、计算机编程技术等新技术的引入,使得数控加工在精度、效率等方面都有了显著的提升,为机械制造行业的进一步发展奠定了坚实的基础。

(三)第三阶段:柔性制造

柔性制造是机械制造自动化的一个重要阶段,它强调制造过程的柔性和高效率,在多品种、中小批量生产的环境下,柔性制造能够迅速调整生产线,以适应不同产品的生产需求。这一阶段涉及的主要技术包括成组技术、计算机直接数控和分布式数控、柔性制造单元等。这些技术的应用,不仅提高了生产效率,还降低了生产成本,使得机械制造行业在面对市场竞争时更加灵活有力。

(四)第四阶段:计算机集成制造

计算机集成制造系统(CIMS)是机械制造自动化的一个高级阶段,它强调制造全过程的系统性和集成性,以解决现代企业在生存与竞争中面临的TQCSE(时间、质量、成本、服务、环境)问题。CIMS涉及的科学技术非常广泛,包括现代制造技术、管理技术、计算机技术、信息技术等。这些技术的融合应用,使得企业能够实现从市场需求分析到产品设计、制造、销售等全过程的一体化管理和优化,从而提高了企业的整体竞争力。

(五)第五阶段:新的机械制造自动化技术生产模式

随着科技的飞速发展,机械制造自动化已经进入了全新的阶段,智能制造、敏捷制造、虚拟制造、网络制造、全球制造、绿色制造等新的生产模式层出不穷。这些新模式以信息技术为核心,结合先进的制造技术和管理理念,为机械制造行业带来了前所未有的变革。它们不仅能够提高生产效率和质量,还能够降低能耗和减少环境污染,实现可持续发展,这些新模式的出现和应用,标志着机械制造自动化已经迈入了全新的时代。

四、机械制造自动化的发展趋势

(一)高度智能集成性

随着信息技术的迅猛发展,机械制造自动化正朝着高度智能集成性的方向迈进,在未来,智能制造将成为主流,通过集成先进的传感器、控制系统和人工智能技术,实现设备的自主感知、决策和执行。这种高度智能集成性不仅将提升生产效率,更能确保产品质量的一致性和可靠性。借助大数据和云计算等技术,企业能够实现对生产过程的全面监控和优化,进一步提高资源利用效率,降低运营成本。高度智能集成性的发展趋势将使机械制造企业在激烈的市场竞争中保持领先地位,实现可持续发展。

(二)人机结合的适度自动化

在机械制造自动化的发展过程中,人机结合的适度自动化成为越来越重要的趋势,这一趋势强调在自动化技术应用的同时保留人类操作员的判断力和灵活性,实现人机协同作业。通过智能化的人机界面和辅助决策系统,操作员可以更加便捷地监控和调整生产过程,确保生产的高效和安全。此外,适度自动化还考虑到了人的因素在生产中的重要性,注重提升工作环境和减轻操作员的劳动强度。这种人机结合的适度自动化模式,既充分发挥了自动化技术的优势,又弥补了其局限性,为机械制造行业的未来发展注入了新的活力。

(三)强调系统的柔性和敏捷性

面对日益多变的市场需求和个性化的产品定制,机械制造自动化系统的柔性和敏捷性显得尤为重要。未来的机械制造系统将更加注重快速调整生产流程和资源配置的能力,以适应不同产品的生产需求。通过采用模块化设计、可重构技术和智能调度算法等手段,系统可以在短时间内完成生产线的切换和扩展,实现灵活生产。敏捷性还要求系统能够快速响应市场变化,及时调整生产策略,满足客户的个性化需求。强调系统的柔性和敏捷性,将有助于机械制造企业在激烈的市场竞争中保持灵活性和竞争优势,实现长期稳定的发展。

(四)功能扩展化

理论上,完整的制造自动化系统应包括毛坯的制备、物料的存储/运输/加工、辅助处理、零件检验、装配、部件及成品测试、油漆和包装等内容,并将它们集成一个有机的整体。然而,当前的制造自动化面向的主要是零件加工,很少涉及别的内容。制造自动化系统在未来的发展方向应该是向前发展到毛坯自动化制备,向后发展到自动装配、包装等。

(五)制造自动化系统小型化

小型化的制造自动化系统结构相对简单,可靠性较强,容易使用和管理,寿命周期长,成本也较低、投资少、见效快,并且一般情况下均能满足使用要求。所以,将来的用户将会更加青睐小型化的制造自动化系统,如计算机直接数控和分布式数控。

(六)制造自动化系统简单化

在使用需求得到满足的前提下,制造自动化系统在结构上应该是愈发简易的,冗余功能、极少用到的功能以及由人来实现极其简单,但由系统自动实现却十分复杂的功能将会越来越少。结构简单具备寿命周期长、成本低、可靠性高、容易使用和管理的优点,还可以减少对熟练工人的需求。可以认为,简单化是制造自动化系统的一个主要发展方向。

(七)制造自动化系统环保化

对于当前的人类社会而言,可持续发展问题已经成为亟须解决的重要问题之一,对于可持续发展战略来说,主要的两个方面就是资源与环境。然而,制造自动化系统在资源与能源的消耗上可谓海量的,也会严重污染环境。在这种局势下,必须重视可持续发展战略的实施,要将资源的优化利用、环境的保护作为重要的发展目标,并以此为基础,对系统的规划和运行加以把控。

第二节 智能制造系统与智能制造技术

一、智能制造系统概述

(一)智能制造系统的概念

智能制造系统是一种集成了先进制造技术、信息技术和人工智能技术的高度自动化的制造系统。它通过智能设备、传感器、控制系统和网络通信技术的深度融合,能够自主感知、分析、决策并执行制造过程中的各项任务。这种系统不仅显著提高了生产效率,还降低了能耗和废品率,从而有效提升了产品质量和企业竞争力。智能制造系统的特点主要体现在以下几个方面:一是高度自动化,能够减少人工干预,增强生产过程的可控性和一致性;二是智能化决策,通过数据分析和优化算法,实现生产资源的合理配置和制造过程的优化;三是柔性生产,能够快速适应市场变化和客户需求,实现多品种、小批量生产;四是可视化管理,通过实时数据采集和监控,使企业管理者能够清晰掌握生产现场的状况,为决策提供有力支持。

(二)系统组成

1.智能设备层

智能设备层是智能制造系统的核心组成部分,它包括数控机床、工业机器人、自动化检测设备等一系列高科技装备。这些设备不仅具备传统机械设备的加工能力,更重要的是它们融入了先进的传感技术、控制技术和人工智能技术,从而拥有了自主感知、执行和反馈的能力。智能设备能够实时获取生产过程中的各种数据,根据预设的程序或算法进行自主决策,并精准地执行各项制造任务。这种高度智能化的设备为实现个性化定制、柔性生产等先进制造模式提供了有力支撑,是推动企业从传统制造向智能制造转型的关键所在。

2.控制层

控制层负责接收上层管理系统的指令,并根据这些指令对智能设备进行实时控制和调度。控制层通过高效的通信网络与各智能设备建立连接,确保指令能够准确、及时地传达给每台设备。控制层还具备强大的数据处理和分析能力,能够实时监测设备的运行状态和生产数据,及时发现并处理异常情况,从而确保制造过程的顺利进行。在智能制造系统中,控制层的稳定性和可靠性直接影响整个系统的运行效率和生产质量。

3.数据采集与传输层

数据采集与传输层是智能制造系统中实现信息流通的关键环节,它通过各种先进的传感器和通信网络,实时采集生产现场的数据,包括设备状态、生产进度、产品质量等关键信息。这些数据经过初步处理后,通过高速、稳定的网络传输到上层管理系统进行进一步的分析和处理。数据采集与传输层的建设需要考虑数据的准确性、实时性和安全性等多方面因素，以确保管理系统能够基于真实、全面的数据做出科学、合理的决策。

4.管理层

管理层是智能制造系统中进行宏观管理和决策的核心层级，包括生产计划管理、质量管理、设备管理等多个模块，每个模块都通过专业的软件系统和算法对特定领域的数据进行深入分析和优化。生产计划管理模块能够根据市场需求和企业资源情况，制订合理的生产计划并实时调整生产进度；质量管理模块则通过严格的质量控制流程和先进的质量检测手段，确保产品质量的稳定性和一致性；设备管理模块则负责对智能设备进行远程监控和维护，确保设备的正常运行和延长使用寿命。管理层通过数据驱动的决策方式，实现生产资源的合理配置和制造过程的优化决策，从而提升企业整体运营效率和市场竞争力。

5.企业信息层

企业信息层是智能制造系统中实现企业内外部信息整合和共享的重要层级，它与企业其他信息系统(如 ERP、CRM 等)进行深度集成，打破信息孤岛，实现企业内部各部门之间的信息共享和协同工作。通过企业信息层，管理层可以更加全面地了解企业的运营状况和市场环境，从而做出更加明智的决策。企业信息层还为企业与外部合作伙伴之间的信息交流和协作提供了便利条件，有助于构建更加紧密、高效的供应链和产业链协同体系。在智能制造时代，企业信息层的建设水平将直接影响企业的信息化水平和综合竞争力。

二、智能制造技术的核心要素

(一)先进制造技术

先进制造技术是智能制造不可或缺的基础支撑，它涵盖了精密加工、成型技术、特种加工等多个领域。这些技术不仅提高了产品的加工精度和效率，还为个性化定制、复杂形状产品的制造等提供了可能。例如，精密加工技术能够确保零部件的微米级甚至纳米级精度,从而增强产品的性能和可靠性;成型技术则通过一次性成型或多个简单步骤的组合,实现了复杂形状产品的快速制造;特种加工技术则针对特定材料和加工需求,提供了独特的解决方案。这些先进制造技术的融合应用,为智能制造的深入发展奠定了坚实基础。

(二)信息技术

信息技术贯穿于数据采集、处理、传输和存储的每一个环节,是确保智能制造系统内信息流畅通无阻的关键。高效的数据采集技术使得智能制造系统能够实时捕捉生产现场的各类数据,这些数据可能包括设备状态、生产进度、温度、湿度等,为后续的数据处理和决策提供了宝贵的原始资料。数据处理技术的运用则是对这些海量数据进行精细化的整理和分析,去除噪声,提炼出对生产有指导意义的信息。而数据传输技术则保证了这些有价值的信息能够迅速、无误地传递到需要它的每一个环节,无论是设备之间的协同,还是部门之间的沟通,都离不开高效的数据传输。最后,数据存储技术为这些宝贵的数据资料提供了安全的栖息地,确保了数据的持久保存,为企业的历史数据分析和未来规划提供了可能。

(三)人工智能技术

人工智能技术在智能制造系统中起着核心和引领的作用,借助机器学习、深度学习等高级技术,智能制造系统被赋予了前所未有的智能,使得它能够自主学习、自我优化。机器学习技术让系统能够从堆积如山的数据中自动识别出有用的模式,进而调整生产参数,以达到更高效、更稳定的生产状态。深度学习技术则进一步挖掘了数据的深层价值,使得系统能够处理更为复杂的问题,比如预测设备的维护时间、优化生产线的布局等。在人工智能的驱动下,智能制造系统不再是一个简单的执行工具,而成了一个能够自我进化、自我完善的智能体。这种转变不仅极大地减少了人工的介入和干预,更使得生产过程变得更加高效、灵活。对于企业而言,这意味着能够更快地响应市场变化,更精准地满足客户需求,从而在激烈的市场竞争中占据有利地位。

三、智能制造系统的关键技术

(一)物联网技术

物联网技术在智能制造系统中的重要性日益凸显,其核心价值在于实现了设备间的无缝互联互通,为整个制造过程提供了强有力的实时数据支持。通过应用物联网技术,原本孤立的智能设备得以紧密连接,共同构建一个庞大而高效的信息网络。在这个网络中,各种数据得以自由流动,实现了前所未有的信息共享与交换。这不仅显著提升了设备的整体利用率,更使得生产环节中的每一个细微变化都能被实时捕捉、迅速传输并得到精准处理。无论是设备的运行状态、生产的实时进度,还是产品的最终质量,都可以通过物联网技术进行全面而深入的监控和管理。

(二)大数据分析技术

在智能制造的浪潮中,大数据分析技术正成为引领产业变革的重要力量,面对日益复杂的生产过程和海量的数据产出,大数据分析技术展现出了其强大的处理能力和深邃的洞察力。通过运用先进的算法和模型,大数据分析能够深入挖掘数据背后的潜在规律、趋势和可能存在的问题,从而为企业提供更为精准、全面的运营视图。这不仅帮助企业更准确地把握市场动态和客户需求,更能优化生产流程、提升产品质量,甚至预测和预防设备故障。在这样的技术支撑下,企业的决策层能够获得更为可靠的数据依据,制定出更具前瞻性和战略性的发展规划。大数据分析技术的深入应用,无疑将为智能制造领域带来更为广阔的发展空间和更为丰富的创新机遇。

(三)云计算技术

云计算技术已成为智能制造系统高效稳定运行的关键支撑,其独特的弹性可扩展特性,使得智能制造系统能够根据实际需求动态地调配计算资源,从而有效应对生产过程中的各种波动。在生产高峰期,云计算技术能够迅速为系统提供更多的计算能力,确保生产任务的顺利完成;而在生产低谷期,系统则可以自动释放不再需要的计算资源,实现成本的优化控制。此外,云计算技术还为智能制造系统带来了强大的数据存储和处理能力,使得海量数据的实时分析和处理成为可能,其提供的数据备份和容灾恢复功能,更是极大增强了系统的数据安全性和业务连续性。

(四)网络安全技术

在智能制造系统的快速发展中,网络安全技术的地位日益重要,随着系统网络化、数据化程度的不断加深,网络安全问题已成为企业不得不面对的重大挑战。网络安全技术作为守护智能制造系统安全的第一道防线,其涵盖的防火墙、入侵检测、数据加密等多个方面都是确保系统安全稳定运行的关键。通过部署先进的网络安全技术,企业不仅能够有效抵御来自外部的各种网络攻击,还能及时发现并应对内部可能存在的数据泄露风险。网络安全技术还助力企业构建完善的安全管理体系,从制度、技术等多个层面提升整体的安全防护能力。在智能制造时代,网络安全技术已不再是简单的技术工具,而是企业保障核心数据和业务安全不可或缺的重要基石。

四、智能制造系统的应用场景

(一)个性化定制生产

在当今消费者需求日益多样化、个性化的市场环境下,智能制造系统展现出了其独特的优势。通过高度灵活的生产线配置和先进的数据分析技术,智能制造系统能够迅速响应消费者的个性化需求,实现产品的定制化生产。这种生产模式不仅满足了消费者对产品独特性的追求,还为企业带来了更大的附加值和利润空间。智能制造系统的柔性生产能力也使得企业能够轻松应对市场变化,快速调整生产策略,从而保持竞争优势。

(二)远程监控与维护

随着互联网技术的飞速发展,智能制造系统的远程监控与维护功能愈发强大,借助先进的传感器、网络通信和数据分析技术,企业可以实时获取分布在不同地点的设备运行状态和生产数据。这使得企业能够及时发现潜在问题,迅速做出维护决策,确保生产过程的连续性和稳定性。远程监控与维护还极大降低了企业的运维成本,提高了设备利用率和维护效率。对于跨国或跨地区运营的企业而言,这一功能更是不可或缺的管理利器。

(三)协同设计与制造

智能制造系统通过集成先进的信息技术和制造技术,打破了传统设计和制造过程中的时空限制。企业可以利用智能制造系统实现跨部门、跨企业甚至跨国的协同设计和制造。这种协同模式不仅缩短了产品开发周期,提高了设计质量,还促进了产业链上下游企业之间的紧密合作。通过共享数据、资源和经验,协同设计与制造使得整个产业链更加高效、灵活和响应迅速,无疑为企业在激烈的市场竞争中脱颖而出提供了有力支持。

第三节 自动化与智能化技术在机械制造中的集成应用

一、自动化技术在机械制造中的应用

(一)自动化技术的基本概念与原理

1.自动化技术的定义及发展历程

自动化技术是指在没有人为直接参与的情况下,通过自动控制系统使机

器设备或生产过程按照预设的程序或指令自动进行操作或控制的技术。这种技术的出现,极大地提高了生产效率,降低了人工成本,是现代工业生产不可或缺的重要组成部分。自动化技术的发展历程可以追溯到工业革命时期。随着蒸汽机的广泛应用,人们开始探索如何使机器能够自动地完成一些重复性的工作。随着电气技术和电子技术的快速发展,自动化技术得到了极大的提升。从最初的机械自动化,到后来的电气自动化,再到现在的智能制造,自动化技术不断迭代升级,为工业生产带来了翻天覆地的变化。在今天的工业生产中,自动化技术已经渗透到每一个环节,无论是生产线上的装配工作,还是质量检测、物料搬运等环节,都离不开自动化技术的支持,其不仅提高了生产效率,还保证了产品质量的一致性和稳定性,为企业的持续发展提供了有力保障。

2.自动化技术的核心原理与组成部分

自动化技术的核心原理在于通过各种传感器、控制器和执行器等设备,实现对生产过程的自动监测、自动调节和自动控制。传感器负责采集生产过程中的各种参数信息,如温度、压力、流量等;控制器则根据这些参数信息以及预设的控制算法,计算出相应的控制指令;执行器则根据控制指令驱动机器设备进行相应的动作。自动化技术的组成部分主要包括硬件和软件两大部分。硬件部分包括各种传感器、控制器、执行器以及通信设备等,它们共同构成了自动化系统的物理基础。软件部分则包括控制算法、数据处理程序以及人机界面等,它们负责实现自动化系统的逻辑控制和数据交互功能。

(二)自动化技术在机械制造中的具体应用

1.自动化生产线的设计与实现

自动化生产线是自动化技术在机械制造中的重要应用之一,它通过集成各种自动化设备和系统,实现生产流程的自动化和连续化,大幅提高生产效率。在设计自动化生产线时,需要综合考虑产品特性、生产规模、设备选型等多个因素,确保生产线的稳定性和高效性。实现自动化生产线的过程中,关键在于各设备之间的协调与配合。通过精确的传感器和控制系统,确保每个生产环节都能紧密衔接,减少不必要的停顿和延误。此外,自动化生产线还具备高度的灵活性和可扩展性,能根据市场需求快速调整生产策略,满足多样化的产品需求。自动化生产线的应用不仅提升了生产效率,还降低了对人工的依赖,减少了人为错误,提高了产品质量。它也有助于企业实现精细化管理,提升整体竞争力。

2.自动化装配技术的运用与优化

自动化装配技术是机械制造中的另一项重要应用,它通过自动化设备和系统,实现零部件的自动识别和精确装配,大幅提高装配效率和准确性。在运用自动化装配技术时,关键在于对装配流程和零部件的精确控制。优化自动化装配技术的过程中,需要关注装配顺序、装配力度、装配精度等多个方面。通过先进的传感器和控制系统,确保每个零部件都能准确无误地装配到指定位置。此外,还需要对装配过程进行实时监控和反馈,及时发现并解决问题,确保装配质量的稳定性和可靠性。自动化装配技术的运用不仅提高了装配效率,还降低了装配成本,减少了人为因素导致的装配错误。它也有助于企业提升产品质量和客户满意度,增强市场竞争力。

3.自动化检测技术在质量控制中的作用

自动化检测技术在机械制造中发挥着至关重要的作用,尤其是在质量控制环节。通过自动化检测设备和方法,能够实现对产品质量的自动监测和评估,确保产品符合相关标准和客户要求。在质量控制中,自动化检测技术可以替代传统的人工检测方式,提高检测效率和准确性。它可以对产品进行全面的检测,包括尺寸、外观、性能等多个方面,及时发现并处理不合格产品,避免不良产品流入市场。此外,自动化检测技术还可以与生产管理系统相结合,实现质量追溯和数据分析功能。通过对检测数据的统计和分析,企业可以及时发现生产过程中的问题和不足,为持续改进和优化提供有力支持。

二、智能化技术在机械制造中的应用

(一)机器人技术的应用

在机械制造过程中,机器人技术正在逐渐成为不可或缺的一环,其重要性日益凸显,传统的人工操作方式,虽然曾经主导了制造业多年,但在效率和精度方面始终存在一定的局限性。工人操作不仅效率低下,长时间重复性工作还容易导致疲劳和错误率的上升。而机器人技术的引入,为机械制造行业带来了革命性的变革。机器人技术能够实现高度自动化的生产流程,从而大幅提升生产效率和质量。这些机器人能够根据预先设定的程序和通过传感器获取的实时反馈,以极高的精度完成各种复杂的操作。在机械制造中,焊接、装配、喷涂等环节往往需要高超的技艺和丰富的经验,而机器人则能够准确无误地完成这些任务,大幅提高了生产效率和产品质量。更为值得一提的是,机器人在危险或恶劣的环境中能够代替人类进行作业,例如,在高温、高压或有毒有害的环境中,机器人可以承担起人类难以胜任的工作,从而有效保障工人的安全,不仅降低了工伤事故的风险,还为企业节省了大量的安全保障成本。

(二)数字化设计与仿真技术的应用

数字化设计与仿真技术在机械制造领域的应用正逐渐深化,成为推动行业创新的重要力量。传统的机械设计方法,如手工绘图和制作实物模型,虽然直观但效率低下,且难以应对复杂的设计需求。而数字化设计与仿真技术的引入,彻底改变了这一现状。利用计算机辅助设计软件,设计师们可以轻松地进行三维建模和虚拟仿真,从而快速验证设计方案的正确性和可行性。这种技术不仅大幅提高了设计效率,降低了试错成本,更重要的是,它有助于设计师们发现潜在的问题并进行优化,进而提升产品的质量和性能。此外,数字化设计与仿真技术还为机械制造带来了更多的创新可能,设计师们可以在虚拟环境中进行各种尝试和创新,不再受限于实物模型的制作周期和成本,这种灵活性使得机械制造行业能够更快地响应市场需求,推出更具竞争力的产品。

(三)物联网技术的应用

物联网技术在机械制造中的应用正在变得日益广泛,为行业的智能化升级提供了强大的支持。通过将机械设备与互联网连接,设备之间的信息交互和远程监控变得触手可及。这种技术的引入,不仅提高了设备的运行效率,还为企业的生产管理带来了革命性的变化。在机械制造过程中,生产线上的各个设备可以通过传感器实时采集数据,并将这些数据传输到云端进行分析和处理。这使得企业能够实时监测设备的运行状态,及时发现潜在的故障并进行维修。这种预防性维护的策略不仅增强了设备的可靠性,还大幅降低了意外停机的风险,从而提高了生产效率。此外,物联网技术还实现了生产过程的可视化管理。企业可以通过数据分析工具对生产过程中产生的数据进行深入挖掘和分析,从而优化生产流程、提高产品质量并降低生产成本。

三、自动化与智能化技术的集成应用

(一)集成应用的基本概念与框架

1.集成应用的定义及意义阐述

集成应用,顾名思义是将多个独立的应用系统或软件组件进行有机整合,形成一个统一、高效的综合应用体系。这一过程的核心在于打通各系统之间的信息壁垒,实现数据共享与业务协同,从而提升整体运行效率和服务质量。在当今信息化社会,随着企业规模的不断扩大和业务需求的日益复杂,集成应用已成为企业信息化建设的必由之路。集成应用的意义在于,它能够帮助企业构建更加灵活、高效的信息系统,以适应不断变化的市场环境。通过集成应用,企业可以优化业务流程,减少重复劳动,提高工作效率;实现数据的集中管理和统一分析,为决策提供有力支持。此外,集成应用还有助于提升企业的创新能力和市场竞争力,推动企业向数字化转型迈进。

2.集成应用的总体架构与关键技术

集成应用的总体架构通常包括数据层、应用层、服务层等多个层次,数据层负责数据的存储和管理,确保数据的安全性和一致性;应用层则涵盖各种业务应用系统,负责具体业务逻辑的实现;服务层则提供一系列通用的服务组件,如身份认证、消息传递等,以支持各应用系统的协同工作。在实现集成应用的过程中,关键技术发挥着至关重要的作用。其中,数据集成技术是核心之一,它涉及数据的抽取、转换和加载等多个环节,旨在实现不同系统之间数据的无缝对接。此外,应用集成技术也是不可或缺的一环,它主要关注如何将不同的应用系统进行有机整合,以实现业务流程的贯通和协同;中间件技术、云计算技术等也在集成应用中发挥着重要作用,为集成应用的顺利实施提供有力保障。

(二) 自动化与智能化技术在机械制造中的协同作用

1.自动化与智能化技术的互补性分析

在机械制造领域,自动化与智能化技术各自具有独特优势,同时它们之间存在显著的互补性。自动化技术通过运用控制系统、传感器等设备,实现对制造过程的精确控制,减少人为干预,从而确保生产的高效与稳定。然而,自动化技术对于复杂环境和多变需求的适应能力相对有限。智能化技术则通过引入人工智能、大数据分析等先进手段,赋予机械系统以学习、分析和决策的能力。这使得智能化技术能够处理更为复杂的任务,并在不断变化的环境中实现自我优化。然而,智能化技术的实施往往依赖于大量的数据和算力支持。因此,自动化与智能化技术在机械制造中形成了有力的互补。自动化技术为智能化提供了稳定的基础和丰富的数据源,而智能化技术则进一步提升了自动化的灵活性和智能化水平,二者的结合使得机械制造过程更加高效、精确和可控。

2.协同作用在生产效率提升和质量控制中的体现

自动化与智能化技术的协同作用在机械制造中对于生产效率和质量控制

的提升具有显著影响。在生产效率方面,自动化技术通过精确控制生产流程,减少不必要的等待和浪费,从而提高生产速度。智能化技术则通过实时分析生产数据,优化生产计划,进一步提升了生产效率。二者的结合使得机械制造企业能够更快速地响应市场需求,提高市场竞争力。在质量控制方面,自动化技术确保了生产过程的稳定性和一致性,降低了人为因素导致的质量波动。智能化技术则通过对生产数据的深入挖掘和分析,及时发现并处理潜在的质量问题。这种协同作用不仅提高了产品的合格率,还为企业提供了持续改进和优化生产流程的依据。

第六章 机械制造中的检测与测试技术

第一节 机械制造中的无损检测技术

一、无损检测技术的主要类型

(一)常规无损检测技术

1.超声检测(UT)

超声检测,作为机械制造领域中一种重要的常规无损检测技术,其应用广泛且效果显著。该技术基于超声波在固体介质中传播的特性,通过超声波与被检测材料内部结构的相互作用,来揭示材料内部的缺陷和异常。当超声波在机械材料中传播时,遇到不同介质界面或材料内部的不连续性(如裂纹、夹杂物、气孔等),会产生反射、折射和散射等现象。这些物理现象为超声检测提供了丰富的信息源,使得检测人员能够准确判断材料内部的结构状态。超声检测的优势在于其检测速度快、灵敏度高以及操作简便。超声波的传播速度极快,能够在短时间内覆盖被检测物体的整个区域,从而提高检测效率。超声波对材料内部微小缺陷的敏感度高,能够检测出尺寸极小的裂纹和缺陷,确保检测结果的准确性。此外,超声检测的操作过程相对简单,对操作人员的技能要求不高,降低了检测成本并提高了检测的普及率。在实际应用中,超声检测被广泛应用于各种机械零件的质量检测、焊接接头的完整性评估以及材料性能的评估等方面。随着技术的不断发展,超声检测还在不断拓展其应用领域,为机械制造行业的质量控制和安全保障提供了有力支持。为了进一步增强超声检测的准确性和可靠性,研究人员还在不断探索新的检测方法和优化现有技术。例如,通过采用先进的信号处理技术和算法,可以提高超声波信号的解析度和信噪比,从而更准确地识别材料内部的缺陷。此外,结合其他无损检测技术(如射线检测、磁粉检测等),可以形成综合检测方案,增强检测的全面性和准确性。

2.射线检测(RT)

射线检测是机械制造领域中另一种重要的无损检测技术,它利用 X 射线、γ射线等穿透性射线照射被检测物体,通过射线穿透物体后的衰减程度来揭示物体内部的缺陷和结构状态。这种技术具有非接触性、高灵敏度、高分辨率以及检测范围广等优点,在机械制造、航空航天、石油化工等多个领域得到了广泛应用。

射线检测的基本原理是当穿透性射线照射到被检测物体时,射线会与物体内部的原子发生相互作用,导致射线的能量被吸收或散射。不同物质的原子结构和密度不同,对射线的吸收和散射能力也不同。因此,射线穿过被检测物体后,其强度会发生变化。通过测量射线穿透物体前后的强度差异,可以推断出物体内部的缺陷和结构状态。在机械制造领域,射线检测主要用于检测铸件、锻件、焊缝等机械零件的内部缺陷,如裂纹、气孔、夹杂物等。这些缺陷往往会对机械零件的性能和使用寿命产生严重影响,因此及时准确地检测出这些缺陷对于保障产品质量和安全具有重要意义。此外,射线检测还可以用于评估材料的厚度、密度和均匀性等性能参数,为材料的选用和加工提供重要依据。射线检测的优势在于其高灵敏度和高分辨率。射线能够穿透物体并产生清晰的影像,因此可以检测出尺寸极小的缺陷和细微的结构变化。射线检测不受物体形状和尺寸的限制,可以检测各种形状和尺寸的机械零件。此外,射线检测还具有非接触性特点,不会对被检测物体造成损伤或污染。

3.磁粉检测(MT)

磁粉检测是一种基于磁学原理的无损检测技术,在机械制造领域具有广泛的应用。该技术利用磁场作用下的磁粉吸附在物体表面缺陷处,从而清晰地显示出物体表面及近表面的缺陷,如裂纹、夹杂物等。磁粉检测以其操作简便、成本低廉、检测速度快等优点,成为机械制造中不可或缺的一种检测手段。磁粉检测的基本原理是被检测物体被磁化后,其表面及近表面如果存在缺陷,就会形成漏磁场。磁粉在磁场的作用下会被吸附到这些漏磁场处,形成明显的磁痕,从而揭示出缺陷的存在。根据磁痕的分布和形态,可以判断缺陷的位置、大小和性质。在机械制造中,磁粉检测主要用于检测铁磁性材料的表面及近表面缺陷。这些缺陷往往是由于铸造、锻造、焊接等加工过程中产生的,对机械零件的性能和使用寿命产生不良影响。通过磁粉检测,可以及时发现并处理这些缺陷,确保产品质量和安全。磁粉检测的优势在于其操作简便、成本低廉以及检测速度快。磁粉检测不需要复杂的设备和场地,只需要简单的磁化装置和磁粉即可进行。磁粉检测对操作人员的技能要求不高,经过简单培训即可上手操作。此外,磁粉检测的速度快,能够在短时间内完成大量零件的检测工作,提高生产效率。

4.渗透检测(PT)

在机械制造领域,渗透检测的基本原理基于毛细管作用,即利用渗透液强大的渗透能力,使其能够深入到物体表面微小的开口缺陷中。这些缺陷可能是在铸造、锻造、焊接或机械加工等过程中产生的,如裂纹、气孔、疏松等。渗透检测的操作过程相对简便,它能够将渗透液均匀涂覆于被检工件的表面,并保持一段时间以确保渗透液充分渗透进缺陷中。随后,去除多余的渗透液,并施加显像剂。显像剂与渗透液中的特定成分发生反应,形成鲜明的颜色对比,从而使缺陷在工件表面清晰地显现出来。这一方法的显著优点在于其广泛的适用性,几乎不受材料类型的限制,无论是金属、非金属还是复合材料,都能进行有效的检测。此外,渗透检测的成本相对较低,无须复杂的设备支持,使得其在工业生产中得以广泛应用。

5.涡流检测(ET)

涡流检测(ET)是另一种在机械制造领域广泛应用的无损检测技术,它基于电磁感应原理,通过检测物体内部涡流的变化来揭示物体内部的缺陷。当交变电流通过线圈时,在其周围产生交变磁场,若线圈附近有导电材料,则会在材料内部感应出涡流。涡流的大小、分布及流动状态直接受到材料导电性能、形状尺寸以及内部缺陷的影响。涡流检测具有检测速度快、灵敏度高、非接触式测量以及对导电材料尤为敏感等优点。它能够在不破坏被检对象的前提下,迅速准确地检测出材料内部的裂纹、夹杂物、孔洞等缺陷,为机械制造行业的产品质量控制提供了有力支持。特别是在对金属材料的检测中,涡流检测因其高效、准确的特性而备受青睐。此外,涡流检测技术还具有较强的适应性,能够根据不同的检测需求,通过调整检测参数如频率、电流大小等,实现对不同深度、不同性质缺陷的有效检测。因此,在实际应用中,需要结合具体情况选择合适的无损检测技术,以确保检测结果的准确性和可靠性。

(二)非常规无损检测技术

1.声发射检测(AE)

在机械制造领域,声发射检测(AE)作为一种先进的非常规无损检测技术,正逐渐展现出其独特的优势。声发射现象是指物体在受到外力作用时,内部微观结构发生变化,从而释放出声波信号的过程。这种声波信号携带着物体内部状态的重要信息,通过对其进行采集和分析,可以实现对物体内部缺陷的有效检测。声发射检测具有实时监测的能力,能够在物体受力过程中即时捕捉到声波信号的变化,从而及时发现潜在的缺陷。这一特点使得声发射检测在机械制造中的在线监测和故障诊断方面具有广泛应用前景。声发射检测还具有较高的灵敏度,能够检测到微小的缺陷和损伤,为机械制造行业的产品质量控制提供了有力支持。此外,声发射检测适用于各种材料,无论是金属、非金属还是复合材料,都能进行有效的检测。这一广泛的适用性使得声发射检测在机械制造领域的多个环节中都能发挥重要作用。

2.红外热成像检测(TIR)

红外热成像检测(TIR)是另一种在机械制造领域具有广泛应用前景的非常规无损检测技术。它基于物体表面温度分布的变化来揭示物体内部的缺陷和损伤。当物体内部存在缺陷时,其热传导性能会发生变化,从而导致表面温度分布不均匀。红外热成像检测具有非接触式检测的优点,无须与被检对象直接接触,避免了因接触而产生的干扰和损伤。它还能够实现实时监测,及时捕捉到物体表面温度分布的变化,为机械制造中的在线监测和故障诊断提供了有力支持。

3. 光学检测(OT)

光学检测(OT)作为机械制造领域中的一种非常规无损检测技术,以其高精度的检测能力和对微小缺陷的敏感性而备受关注。光学检测主要利用光学显微镜等设备,对材料表面和近表面进行细致的观察和分析。光学检测具有极高的检测精度,能够观察到材料表面的微小缺陷和损伤,如裂纹、划痕、凹坑等。这一特点使得光学检测在机械制造中的质量控制和故障诊断方面具有重要作用。通过光学检测,可以及时发现并处理材料表面的缺陷,避免其在使用过程中对产品的性能和寿命产生不良影响。此外,光学检测还适用于对近表面缺陷的检测。通过调整光学显微镜的焦距和放大倍数,可以观察到材料内部一定深度范围内的缺陷和损伤。这一能力使得光学检测在机械制造中的材料筛选和评估方面具有广泛应用前景。

4. 真空泄漏检测(LT)

真空泄漏检测(LT)是机械制造领域中一种高效且精确的非常规无损检测技术,特别适用于各种密闭器件的密封性能测试。此技术基于真空环境下的压力变化原理,通过将被测物品与一个高灵敏度的泄漏检测仪连接,形成一个封闭的测试系统。在真空状态下,任何微小的泄漏都会导致系统内压力的迅速变化,这种变化被泄漏检测仪精确捕捉并转化为可量化的泄漏率数据。真空泄漏检测技术的优势在于其高度的敏感性和准确性,能够检测到极小的泄漏量,确保密闭器件的密封性能达到设计要求。该技术对被测物品无损伤,不会引入任何污染物或改变其原有状态,保证了检测的可靠性和安全性。此外,真空泄漏检测适用于多种材料和结构的密闭器件,如金属、塑料、玻璃等,广泛应用于航空航天、汽车制造、电子设备等领域。在实际应用中,真空泄漏检测通常与其他无损检测技术相结合,如声发射检测、红外热成像检测等,以形成更为全面的质量检测体系。通过综合运用这些技术,可以更加准确地评估密闭器件的密封性能,及时发现并处理潜在的泄漏问题,确保产品的质量和可靠性。

5.其他技术

除了上述提到的真空泄漏检测外,机械制造领域还涌现出多种其他非常规无损检测技术,如目视检测(VT)、磁记忆检测(MMD)和感应加热热像检测(IRT)等。这些技术在不同程度上弥补了传统无损检测技术的不足,为机械制造行业提供了更为丰富和多样的检测手段。目视检测(VT)是一种直观且经济的检测方法,通过人工观察或借助光学仪器对被测物品的表面进行细致的检查。尽管其精度和深度有限,但在初步筛选和快速判断方面仍具有不可替代的作用。磁记忆检测(MMD)则利用材料在磁场作用下的磁记忆效应来检测其内部的应力集中和缺陷,特别适用于铁磁性材料的检测。而感应加热热像检测(IRT)则是通过感应加热使被测物品表面产生温度变化,再利用红外热成像技术捕捉这些变化来揭示内部的缺陷和损伤。这些非常规无损检测技术在机械制造领域的应用,不仅提高了产品质量和可靠性,还促进了机械制造行业的持续发展和创新。未来,随着科技的不断进步和需求的不断变化,相信会有更多新的无损检测技术涌现出来,为机械制造行业注入新的活力。

二、无损检测技术的特点

(一)不破坏被检测对象

1.无损检测技术的非破坏性优势

在机械制造行业中,无损检测技术以其独特的非破坏性特点,成为产品质量控制和缺陷检测的重要手段。这一技术的核心优势在于,它能够在不破坏被检测对象的前提下,准确地获取材料的内部结构和性能信息。传统的检测方法往往需要取样或破坏试件,这不仅增加了检测成本,还可能对产品的完整性和使用性能造成不可逆的影响。而无损检测技术则通过利用物理现象，如声波、电磁波、磁场等与材料的相互作用，来探测材料内部的缺陷和异常，从而避免了因检测而导致的损失。无损检测技术的非破坏性不仅体现在对试件本身的保护上，还体现在对整个生产流程的影响上。在生产过程中，如果采用破坏性的检测方法，如果发现问题，往往需要对整个批次的产品进行返工或报废，这将造成巨大的资源浪费和经济损失。而无损检测技术可以在生产过程中的各个阶段进行实时检测，及时发现问题并进行处理，从而极大降低了生产风险和成本。此外，无损检测技术还可以对在用设备进行检测，及时发现潜在的故障和安全隐患，保障设备的安全运行。

2.无损检测技术保障产品完整性与使用性能

无损检测技术在机械制造中的应用，不仅避免了因检测而造成的损失，还保障了产品的完整性和使用性能。这一技术的实现，得益于其先进的检测原理和方法。例如，超声波检测技术利用超声波在材料中的传播特性，可以探测到材料内部的裂纹、夹杂物等缺陷；射线检测技术则利用射线穿透材料的能力，可以检测到材料内部的密度变化和缺陷分布；磁粉检测技术则利用磁场与材料缺陷的相互作用，可以检测到材料表面的裂纹和近表面缺陷。这些无损检测技术的应用，不仅增强了产品质量的可靠性，还延长了产品的使用寿命。通过在生产过程中对产品进行无损检测，可以及时发现并处理潜在的质量问题，从而避免了产品在使用过程中出现故障或失效的情况。无损检测技术还可以为产品的设计和制造提供重要的反馈信息，帮助工程师优化产品设计和制造工艺，进一步提高产品的质量和性能。

（二）检测范围广

1.广泛的材料适用性

在机械制造行业中，无损检测技术以其独特的优势，成为确保产品质量和可靠性的重要手段。其中，该技术对材料的广泛适用性尤为突出，无论是金属、非金属还是复合材料，无损检测技术都能发挥其强大的检测能力。对于金属材料,如钢铁、铝、铜等,无损检测技术能够准确检测出内部的裂纹、夹杂物、孔洞等缺陷,以及表面的划痕、凹坑等损伤。无损检测技术也适用于非金属材料的检测,如塑料、陶瓷、玻璃等。这些材料在机械制造中同样扮演着重要角色,而它们内部的缺陷和损伤往往更难以察觉。通过无损检测技术,如超声波检测、红外热成像检测等,可以实现对非金属材料内部和表面的全面检测,确保产品的质量和可靠性。此外,对于复合材料,如碳纤维、玻璃纤维等,无损检测技术也展现出其独特的优势。复合材料由于其结构的复杂性和材料的多样性,使得传统的检测方法往往难以满足需求。而无损检测技术能够通过对复合材料内部和表面的全面检测,准确评估其质量和性能,为复合材料的广泛应用提供了有力支持。

2.全面的缺陷检测能力

机械制造中的无损检测技术,不仅适用于各种材料,还具有全面的缺陷检测能力。无论是物体内部的缺陷还是表面的损伤,无损检测技术都能进行准确、有效的检测。对于物体内部的缺陷,如裂纹、夹杂物、孔洞等,无损检测技术能够通过不同的检测方法,如超声波检测、射线检测等,实现对其的准确检测。无损检测技术也能够准确检测出物体表面的损伤,如划痕、凹坑、腐蚀等。这些损伤虽然可能不影响物体的整体结构,但也可能对物体的使用性能和外观造成不良影响。通过无损检测技术,如渗透检测、磁粉检测等,可以实现对物体表面损伤的全面检测,为物体的维修和保养提供有力支持。

(三)检测精度高

1.精度提升与缺陷识别的革新

在机械制造领域,无损检测技术以其日益提高的检测精度,正逐步成为确保产品质量和安全的关键手段。随着科技的飞速发展,这一技术的精度已经达到了前所未有的高度,能够实现对材料中微小缺陷的精确识别和评估。传统的检测方法往往受限于技术水平和设备精度,难以准确捕捉到材料内部的细微变化。然而,无损检测技术通过运用先进的传感技术、高精度的数据采集与处理系统,以及智能化的分析算法,能够深入材料内部,揭示出隐藏的缺陷和异常。这种高精度的检测能力,对于机械制造行业来说具有深远的意义。它不仅能够确保产品在制造过程中的质量稳定性,还能够及时发现并处理潜在的安全隐患,从而避免在使用过程中出现故障或事故。高精度的无损检测技术还能够为产品的设计和优化提供有力的支持,帮助工程师更准确地了解材料的性能和特性,从而设计出更加可靠和耐用的产品。

2.确保机械制造品质与安全性

在机械制造中,与传统的破坏性检测方法相比,无损检测技术不仅避免了因检测而造成的损失,还大幅增强了检测的准确性和可靠性。无损检测技术的高精度还体现在其对缺陷的精确识别和评估上。无论是材料内部的裂纹、夹杂物,还是表面的微小缺陷,无损检测技术都能够通过高精度的传感器和数据分析系统,准确地捕捉到这些缺陷的存在和位置。这种高精度的缺陷识别能力,对于确保机械产品的质量和安全至关重要。它能够帮助制造商及时发现并处理潜在的质量问题,从而避免产品在使用过程中出现故障或失效的情况。无损检测技术还能够为产品的质量控制和品质提升提供有力的支持,推动机械制造行业向更高水平发展。

(四)实时性强

1.实时监测的优越性

在机械制造领域,无损检测技术以其独特的实时监测功能,为生产过程的安全性和效率提供了重要保障。部分无损检测技术,如声发射检测和红外热成像检测,更将这一功能发挥到了极致。声发射检测通过捕捉物体在受力过程中产生的声波信号,能够实时监测物体内部缺陷的变化情况。这种实时监测的能力,使得声发射检测在机械制造中的在线监测和故障诊断方面具有显著优势。一旦物体内部出现异常,声发射检测便能立即捕捉到相应的声波信号,为及时采取措施防止事故发生提供了宝贵的时间窗口。红外热成像检测则是通过捕捉物体表面温度分布的变化,来实时监测物体内部的缺陷和损伤。

这种非接触式的实时监测方式,不仅避免了因接触而产生的干扰和损伤,还能够实现远距离、大范围的监测。在机械制造过程中,红外热成像检测能够及时发现潜在的过热、泄漏等问题,为确保生产安全提供了有力支持。

2.实时性强的重要性

在机械制造过程中,许多缺陷和损伤都是动态变化的,如果无法及时发现和处理,就可能引发严重的安全事故。无损检测技术的实时性强特点,使得其能够在生产过程中持续、稳定地发挥作用,及时发现潜在的安全隐患。这种实时监测和预警的能力,不仅提高了机械制造过程的安全性和效率,还降低了生产成本和维修费用。实时性强的无损检测技术还能够为机械制造行业的智能化和自动化发展提供有力支持,推动行业向更高水平迈进。

三、无损检测技术在机械制造中的具体应用

(一)无损检测技术的准备阶段

在机械制造中,无损检测技术的应用首先进入的是准备阶段。此阶段的主要任务是明确检测目的、确定检测范围以及选择合适的无损检测技术。检测目的的明确是确保整个检测过程有的放矢的关键,它直接关系着后续检测方法的选择和结果的解读。确定检测范围则是根据机械制造产品的特性和要求,划定需要检测的具体区域和部件,以确保检测的全面性和准确性。选择合适的无损检测技术是准备阶段的核心。这需要根据被测材料的性质、结构特点以及可能的缺陷类型来综合考虑。例如,对于金属材料,磁记忆检测和涡流检测可能更为适用;而对于非金属材料,超声检测和红外热成像检测可能更为有效。还需要考虑检测技术的灵敏度、分辨率、操作简便性以及成本等因素,以确保检测的高效性和经济性。在准备阶段,还需要对检测人员进行专业的培训和技能考核,确保他们熟悉检测技术的原理、操作方法和注意事项。此外,还需要准备好相应的检测设备和辅助工具,如探测器、传感器、计算机等,并进行必要的校准和调试,以确保检测的准确性和可靠性。

(二)无损检测技术的实施阶段

进入实施阶段后,无损检测技术开始正式应用于机械制造产品的检测。此阶段的主要任务是按照预定的检测方案和方法,对被测区域和部件进行细致入微的检测,并准确记录和分析检测结果。在实施过程中,检测人员要严格遵守操作规程和安全规范,确保检测过程的安全性和有效性。他们需要使用专业的检测设备和工具,对被测区域进行逐点或逐面扫描,捕捉并记录下任何可能的缺陷信号,还需要注意保持检测环境的稳定和一致,以避免外部因素对检测结果的影响。检测结果的分析是无损检测技术实施阶段的重要环节。检测人员需要对收集到的数据进行处理和分析,提取出有用的信息,并据此判断被测区域或部件是否存在缺陷以及缺陷的性质和程度。这需要检测人员具备丰富的专业知识和实践经验,以便准确解读检测结果并做出正确的判断。

第二节 机械制造中的性能测试技术

一、机械制造中的性能测试技术的主要类型

(一)拉伸测试

拉伸测试是机械性能评估中不可或缺的一个环节,它为工程师提供了关于材料在承受轴向拉力时行为的重要信息。进行拉伸测试时,通常会使用专门设计的拉伸试验机,将待测样品夹持于上下两个固定点之间,并通过机器施加逐渐增大的力量直至样品断裂。此过程中收集的数据包括但不限于最大载荷、弹性模量以及断裂时的伸长量等。这些参数对于理解材料如何响应外部应力至关重要。例如,在设计桥梁或高层建筑结构时,了解所选材料的极限承载能力和延展性有助于确保其长期安全稳定运行。此外,通过对不同温度条件下进行拉伸实验还可以研究环境因素对材料力学性质的影响。值得注意的

是,为了保证结果的准确性与可比性,国际上已经制定了严格的标准来规范此类测试的操作流程及数据报告方式。因此,无论是科研机构还是工业生产领域,都广泛采用拉伸测试作为质量控制和新材料研发过程中的重要手段。

(二)压缩测试

压缩测试同样属于基本且重要的材料性能试验方法之一,主要用于评价材料抵抗外界压力的能力。这项技术特别适用于那些需要在实际应用中承受重压负荷的部件,如混凝土柱子、金属支撑件等。在测试过程中,试样被放置在一个刚性平台上,然后从上方施加垂直方向的压力直到发生永久形变或者彻底破坏为止。通过记录加载曲线上的关键转折点——比如屈服点和峰值载荷——可以计算出材料的抗压强度、硬度等多个物理指标。除了直接测量,压缩测试还经常用来间接推断其他属性,比如利用泊松比公式结合弹性模量估算材料横向膨胀情况。另外,考虑到某些特定应用场景下可能会遇到复杂应力状态(如剪切力与挤压同时作用),研究人员有时还会设计更加复杂的多轴压缩实验以获得更全面的信息。

(三)弯曲测试

弯曲测试旨在探究材料面对弯矩作用时的表现,尤其关注于脆性或低塑性材质。这类测试通常涉及三种主要形式:三点弯曲、四点弯曲以及纯弯曲。其中最常见的是三点弯曲法,即把样本置于两根支撑杆之上,在中央位置施加集中力使其发生弯曲直至断裂;而四点弯曲法则是在两端各设一个加载点,使得受力分布更为均匀。通过观察并记录下整个变形过程中的载荷—位移关系曲线,可以获取到诸如弯曲强度、挠度等关键参数。特别是对于像铸铁这样容易因局部应力集中而产生裂纹扩展的材料而言,正确的弯曲测试方案能够帮助设计师更好地预测潜在故障模式,从而采取相应措施加以预防。

(四)硬度测试

硬度测试作为机械制造中不可或缺的性能测试技术之一,扮演着评估材料表面抵抗局部压痕或划痕能力的重要角色。这一测试方法通过施加一定的压力或划痕力于材料表面,观察并测量由此产生的压痕或划痕的深度、面积等参数,从而间接反映出材料的硬度特性。常用的硬度测试方法,如布氏硬度测试、洛氏硬度测试、维氏硬度测试等,各具特色,适用于不同类型的材料和测试需求。布氏硬度测试以压入法为基础,通过特定形状和大小的压头在材料表面施加压力,根据压痕的直径或深度来计算硬度值。这种方法适用于较大且均匀的试样,能够准确反映材料的整体硬度水平。洛氏硬度测试则采用冲击与压入相结合的方式,通过测量压头在材料表面留下的痕迹来评估硬度。这种方法适用于较薄或较小尺寸的试样,具有测试速度快、操作简便的优点。维氏硬度测试则利用金刚石四棱锥体作为压头,在材料表面施加压力并测量压痕的对角线长度,从而计算出硬度值。这种方法适用于各种硬度的材料,且测试结果具有较高的精度和可靠性。而硬度测试的结果与材料的耐磨性、耐刮伤性等性能密切相关。通过硬度测试,可以了解材料在受力时的变形和破坏行为,为材料的选用、加工和热处理等提供重要依据。硬度测试还能够帮助评估机械零部件的耐磨性和使用寿命,确保机械产品的质量和性能。

(五)冲击测试

通过使用冲击试验机对试样施加瞬间的冲击力,可以测定材料的冲击强度、冲击韧性等性能参数。这些参数对于了解材料在高应力环境下的抗冲击性能具有重要意义。冲击测试通常包括摆锤式冲击测试、落锤式冲击测试等多种类型。摆锤式冲击测试通过摆锤的摆动来施加冲击力,测量试样在冲击过程中的变形和断裂情况,从而评估材料的冲击韧性。落锤式冲击测试则是通过落锤的自由落体运动来施加冲击力,测量试样在冲击过程中的吸收能量和破坏形态,以评估材料的冲击强度。冲击测试还能够帮助评估机械零部件的抗冲击性能和使用寿命,确保机械产品在复杂环境下的安全性和可靠性。

(六)疲劳测试

通过反复施加一定幅值的交变应力或应变,直至试样发生疲劳破坏,可以测定材料的疲劳极限、疲劳寿命等性能参数。这些参数对于评估机械零部件在长期使用中的耐久性至关重要。疲劳测试通常包括旋转弯曲疲劳测试、轴向拉压疲劳测试等多种类型。旋转弯曲疲劳测试通过使试样在旋转过程中承受弯曲应力，模拟实际使用中的循环负载情况，以评估材料的疲劳性能。轴向拉压疲劳测试则是通过使试样在轴向方向上承受拉压应力，模拟实际使用中的拉伸和压缩负载情况，以评估材料的疲劳寿命。疲劳测试的结果对于机械制造中的材料选用、结构设计和寿命预测等方面具有重要指导意义。通过疲劳测试，可以了解材料在循环负载下的变形和破坏机制，为优化材料性能和结构设计提供重要依据。疲劳测试还能够帮助评估机械零部件的耐久性和使用寿命，确保机械产品在长期使用中的安全性和可靠性。因此，在机械制造领域，疲劳测试是不可或缺的性能测试技术之一。

（七）高温机械性能测试

在机械制造领域，高温机械性能测试是评估材料或零部件在高温环境下性能表现的重要手段。这类测试通常在特定的高温环境中进行，旨在模拟材料在实际应用中所面临的高温条件。通过高温拉伸、高温弯曲、高温冲击等一系列测试，可以全面评估材料在高温下的强度、塑性、韧性等关键性能参数。高温拉伸测试主要用于测定材料在高温下的抗拉强度和延伸率，以评估其承受拉伸载荷的能力。高温弯曲测试则通过使材料在高温下发生弯曲变形，来评估其抗弯强度和塑性变形能力。而高温冲击测试则是通过施加瞬间的冲击载荷，来评估材料在高温下的韧性和抗冲击性能。高温机械性能测试对于航空航天、汽车等领域具有重要意义。在这些领域中，许多零部件需要在高温环境下工作，如航空发动机的热端部件、汽车发动机的排气系统等。通过高温机械性能测试，可以确保这些零部件在高温下仍能保持稳定的性能，从而保障整个系统的安全性和可靠性。

（八）磨损性能测试

磨损性能测试是机械制造领域中评估材料耐磨性能的重要手段。这类测试通常通过模拟实际使用中的磨损情况,来测定材料的磨损量、摩擦系数等性能参数。磨损性能测试对于评估机械零部件在长期使用中的耐磨性和使用寿命具有重要意义。在磨损性能测试中,通常会采用特定的试验设备和试验方法。例如,可以使用磨损试验机来模拟材料在摩擦条件下的磨损情况,通过测量磨损前后的质量变化或尺寸变化来评估材料的磨损性能。还可以测定材料在摩擦过程中的摩擦系数,以评估其摩擦性能。磨损性能测试对于机械制造行业的产品设计和材料选择具有重要指导意义。通过测试不同材料的磨损性能,可以优选出耐磨性能优越的材料,从而提高机械零部件的耐磨性和使用寿命。这不仅可以降低维修和更换零部件的成本,还可以增强整个机械系统的可靠性和稳定性。

二、机械性能测试的主要方法

(一)静态测试

在机械制造领域,静态测试是评估机械产品性能的基础方法之一,这种方法在机械产品处于静止状态下进行,通过测量产品的各项物理性能指标来全面评估其制造质量。静态测试的内容丰富多样,包括但不限于产品的尺寸、重量、硬度等关键参数的测量。尺寸测量是静态测试中的重要环节,它关乎产品的配合精度和使用效果。通过精确的测量工具,如游标卡尺、千分尺等,可以准确地获取产品的尺寸数据,进而判断其是否符合设计要求。重量测量则用于评估产品的材料用量和结构设计是否合理,这对于控制成本和保证产品质量至关重要。而硬度测试是静态测试中的另一项重要内容,它反映了材料抵抗外界物体压入其表面的能力。通过硬度测试,可以了解材料的强度、韧性等力学性能,从而为产品的材料选择和热处理工艺提供指导。此外,静态测试还包括使用光学显微镜、扫描电子显微镜等设备对产品的表面质量进行检测,以确保产品的外观和微观结构都符合标准要求。

(二)动态测试

与静态测试不同,动态测试是在机械产品运行状态下进行的,旨在评估产品的实际工作性能和可靠性。在动态测试中,发动机的功率、转速、燃油消耗等是重点关注的性能指标。通过专业的测试设备,可以准确地测量这些参数,进而评估发动机的性能水平和燃油经济性。这对于优化发动机设计、提高产品竞争力具有重要意义。此外,动态测试还包括振动测试、冲击测试等方法。振动测试用于评估产品在振动环境下的耐久性和可靠性,通过模拟实际使用中的振动条件,可以检验产品的结构强度和抗振性能。冲击测试则是通过施加瞬间的冲击载荷,来评估产品的抗冲击能力和损伤容限。这些测试方法对于确保机械产品在复杂多变的使用环境中保持稳定性能至关重要。

(三)环境测试

环境测试是机械制造中不可或缺的一环,它旨在评估机械产品在不同环境下的性能表现。通过将产品暴露在高温、低温、高湿度、低湿度等极端条件下,可以模拟产品在实际使用中可能遇到的恶劣环境,进而检验其适应性和可靠性。高温和低温测试是环境测试中的常见项目。高温测试用于评估产品在高温环境下的热稳定性和耐热性能,通过测量产品的温度变化、变形情况等指标,可以判断其是否能够在高温条件下正常工作。低温测试则是为了检验产品在低温环境下的耐寒性能和启动性能,这对于确保产品在寒冷地区或冬季使用时的可靠性至关重要。除了高温和低温测试外,环境测试还包括盐雾测试、振动测试等。盐雾测试用于模拟产品在海洋性气候或腐蚀性环境下的使用情况,通过暴露于盐雾环境中一段时间,可以检验产品的防腐性能和耐腐蚀性。

(四)标准测试

在机械制造领域,标准测试是验证机械产品性能是否符合国际或行业标准要求的关键环节。这一方法依据 ISO、ASTM 等权威机构发布的测试标准,对机械产品的材料力学性能、尺寸精度、表面质量等多个方面进行全面评估。通过使用标准化的测试设备、测试程序和测试条件,标准测试能够确保测试结果的准确性和可比性,从而为产品的质量控制和性能评估提供可靠依据。在标准测试中,材料力学性能测试是尤为重要的一环。它通过对材料在受力状态下的变形、破坏等行为进行观测和分析,评估材料的强度、刚度等力学性能指标。这些指标直接关系着机械产品在使用过程中的承载能力和稳定性,因此是产品设计和制造过程中必须严格把控的关键参数。通过与标准测试结果的对比,可以验证产品是否达到相应的标准要求,从而确保产品的质量和性能满足用户需求。标准测试不仅有助于提升机械产品的质量和性能,还有助于推动机械制造行业的标准化和规范化发展。通过遵循统一的测试标准和方法,不同厂商之间可以更加便捷地进行产品性能的比较和评估,从而促进技术的交流和进步。标准测试还有助于提升机械产品的市场竞争力,为产品的国际贸易和合作提供有力支持。

(五)仿真验证

仿真验证是机械制造中利用计算机仿真软件对机械产品的性能进行模拟分析的一种重要方法。通过构建产品的虚拟模型,并应用有限元分析、流体力学分析等先进的仿真技术,仿真验证可以预测产品在实际使用条件下的性能表现,为产品的设计和优化提供有力支持。在仿真验证过程中,工程师可以模拟各种复杂的工况和边界条件,对产品的结构强度、热传导性能、流体动力学性能等进行深入分析。这种分析方法不仅能够在产品制造前发现潜在的问题和风险,还能够为产品的改进和优化提供科学的依据。通过不断的调整和优化产品设计,仿真验证可以帮助工程师实现产品性能的最大化,从而提升产品的市场竞争力和用户满意度。此外,仿真验证还具有高效、经济等优点。与传统的实验验证相比,仿真验证可以在较短的时间内完成大量的分析工作,并且不需要消耗实际的材料和资源。这使得仿真验证成为机械制造中不可或缺的一种性能测试方法,为产品的快速迭代和优化提供了有力保障。

(六)实验验证

实验验证是机械制造中通过实际测试和观测对机械产品进行验证的一种重要方法。它通过对产品进行负荷测试、振动测试、冲击测试等实验,评估产品在实际使用条件下的性能表现,为产品的质量控制和性能评估提供真实可靠的数据支持。在实验验证过程中,工程师会根据产品的实际使用环境和工况,设计合理的测试方案和测试方法。通过精确的测量和观测,工程师可以获取产品在不同条件下的性能数据,如承载能力、振动特性、冲击韧性等。这些数据对于评估产品的性能和可靠性具有重要意义,可以为产品的设计和优化提供有力的依据。实验验证不仅能够真实反映产品的性能表现,还能够发现产品设计和制造过程中存在的问题和不足。通过不断的改进和优化,实验验证可以帮助工程师提升产品的性能和质量,从而满足用户的需求和期望。实验验证还可以为产品的认证和检测提供有力支持,确保产品符合相关的标准和法规要求。

三、机械性能测试在机械制造中的具体运用

(一)测试准备与规划

1.明确测试目标与需求

在机械制造中,机械性能测试的首要步骤是明确测试的目标与需求。这涉及对机械产品的功能、性能、可靠性等方面的全面理解,以及根据产品特性和使用场景确定具体的测试项目和指标。例如,对于发动机部件,可能需要测试其功率输出、燃油效率、耐久性等;而对于传动系统,则需要关注其传动效率、噪声水平、振动控制等。明确测试目标与需求是确保测试工作有的放矢、高效推进的基础。

2.选择测试方法与标准

根据测试目标与需求,选择合适的测试方法和标准至关重要。测试方法包括实验室测试、现场测试、模拟测试等多种类型,而测试标准则可能涉及国际、国家或行业标准。例如,对于材料的力学性能测试,可以选用 ISO、ASTM 等国际标准进行测试;对于产品的可靠性评估,则可以参考 IEC、MIL 等可靠性测试标准。选择合适的测试方法和标准,可以确保测试结果的准确性和可比性,为产品的质量控制和性能优化提供有力支持。

3.准备测试设备与环境

在准备测试设备时,需要确保设备的精度、稳定性和可靠性,以满足测试要求。还需要根据测试项目的特点,选择合适的测试夹具、传感器等辅助设备。在准备测试环境时,需要控制温度、湿度、噪声等环境因素,以减少对测试结果的影响。例如,对于精密机械部件的测试,需要在恒温恒湿的环境中进行,以确保测试结果的准确性。

(二)测试实施与数据分析

1.执行测试并记录数据

在测试实施过程中,需要严格按照测试方案进行操作,确保测试过程的规范性和一致性。这包括正确安装测试设备、合理设置测试参数、准确记录测试数据等,还需要注意测试过程中的安全问题,确保测试人员和设备的安全。在执行测试时,可以采用自动化测试系统或手动测试方式,根据具体情况选择最合适的测试方法。在记录数据时,需要确保数据的完整性、准确性和可追溯性,以便后续的数据分析和处理。

2.分析测试结果并评估性能

测试数据的分析是评估机械产品性能的关键环节。通过对测试数据的处理和分析,可以了解产品在各个方面的性能表现,如强度、刚度、耐久性、可靠性等。数据分析方法包括统计分析、图形展示、趋势预测等多种类型,可以根据测试项目的特点选择合适的方法。在评估性能时,需要将测试结果与预期目标、行业标准或竞争对手的产品进行比较,以判断产品的优劣和改进方向。还需要关注测试数据中的异常值和不确定度,以便进行进一步的排查和优化。

3.提出改进建议与措施

根据测试结果的分析和评估,可以提出针对性的改进建议与措施。这些建议与措施可能涉及产品设计、制造工艺、材料选择等多个方面。例如,如果发现产品在强度方面存在不足,可以考虑优化产品设计、提高材料强度或改进制造工艺等措施。在提出改进建议与措施时,需要综合考虑成本、效益、可行性等因素,确保改进方案的合理性和有效性。还需要跟踪改进方案的实施情况,对改进效果进行验证和评估,以不断优化机械产品的性能和质量。

第三节 机械制造中的质量控制与检测技术

一、机械制造中质量控制的重要性

(一)确保机械制造产品质量

在机械制造领域,质量控制是确保产品质量稳定和可靠的关键环节。机械制造过程涉及多道工序和复杂的工艺,任何一个环节的失误都可能导致产品质量的下降。因此,通过严格的质量控制,企业可以对每个工序进行精细管理,确保产品从原材料到成品的每一个环节都符合质量要求。质量控制不仅关注产品的最终性能,还注重生产过程中的细节管理。通过对原材料、半成品和成品的严格检验和测试,企业可以及时发现并纠正生产过程中的偏差,防止不合格产品的产生。这种对质量的严格控制,不仅增强了产品的可靠性,还提升了客户对产品的信任度,为企业树立了良好的市场形象。此外,质量控制还有助于企业提高生产效率和降低生产成本。通过优化生产流程和减少浪费,企业可以更加高效利用资源,提高生产效率。严格的质量控制还可以减少返工和报废品的产生,从而降低生产成本,提高企业的经济效益。

(二)提升机械制造市场竞争力

在机械制造行业,市场竞争日益激烈,产品质量成为企业赢得市场份额的关键因素。通过严格的质量控制,企业可以确保产品的稳定性和可靠性,提高产品的市场竞争力。质量控制不仅关乎产品的性能和质量,还与企业的品牌形象和市场声誉紧密相连。一个拥有高质量产品的企业,往往能够赢得更多客户的信任和好评,从而在市场上占据有利地位。相反,如果企业的产品质量不稳定或存在严重问题,那么它将很难在市场上立足。此外,质量控制还有助于企业不断创新和提升技术水平。在追求高质量产品的过程中,企业需要不断改进生产工艺和技术手段,以满足市场对产品的更高要求。这种对技术和创新的持续追求,不仅提高了企业的核心竞争力,还推动了整个机械制造行业的发展和进步。因此,质量控制在机械制造中具有重要的战略意义,是企业实现可持续发展和市场成功的重要保障。

二、机械制造中质量控制的方法

(一)设计阶段的质量控制

1.设计符合性与准确性验证

设计阶段的首要任务是确保设计符合既定的技术要求和标准。这包括使用 CAD(计算机辅助设计)软件进行精确的三维建模,以及进行必要的工程分析,如有限元分析(FEA)来评估结构的强度和稳定性。通过这些工具,设计师能够在虚拟环境中模拟产品的实际表现,从而在物理原型制作之前优化设计方案。

2.故障模式与影响分析(FMEA)

为了预防潜在的设计缺陷,FMEA 是一种有效的方法,用于识别、评估和控制产品设计中的故障模式及其对系统性能的影响。通过组织跨部门团队,对产品的每个组成部分进行细致的分析,可以识别出可能的故障点,并制定相应的预防措施。FMEA 不仅增强了产品的可靠性,还促进了设计团队之间的沟通与合作。

3.设计制造与设计装配(DFM/DFA)

DFM 和 DFA 是确保设计易于制造和装配的关键技术。DFM 侧重于优化设计以便于高效生产,考虑因素包括材料选择、加工方法、成本效益等。DFA 则关注如何简化装配过程,减少装配时间和错误,提高装配线的效率。通过应用 DFM 和 DFA 原则,设计师可以在不牺牲产品性能的前提下,显著降低生产成本和提高生产效率。

4.设计审查与迭代

设计阶段的最后一步是进行全面的设计审查,这通常涉及多个部门的专家,包括设计、工程、制造、质量控制等。审查的目的是确保设计满足所有技术要求,同时考虑生产实际和成本控制。根据审查反馈,设计师需要对设计进行必要的迭代,以解决发现的问题或进一步优化设计。

(二)原材料的质量控制

1.供应商资质审核

选择合适的供应商是原材料质量控制的第一步。这包括审查供应商的资质、生产能力、质量管理体系以及历史业绩。通过实地考察和样品测试,可以评估供应商是否能够稳定提供符合要求的原材料。

2.原材料检验与测试

原材料到达工厂后,需要进行严格的检验和测试。这包括外观检查、尺寸测量、化学成分分析以及物理性能测试等。根据原材料的特性和用途,选择合适的检验方法和标准,确保原材料符合设计要求和生产标准。对于关键原材料,还可以进行批次追溯和留样管理,以便在出现问题时追溯原因。

3.原材料管理

原材料的存储和管理也是质量控制的重要方面,不当的存储条件可能导致原材料变质、损坏或混淆,从而影响产品质量。因此,需要建立严格的原材料存储管理制度,包括分类存放、温湿度控制、定期盘点和先进先出等原则。还需要对原材料进行标识和记录,确保在使用时能够准确追踪到原材料的来源和批次。

4.原材料质量监控

原材料质量控制是一个持续的过程,需要定期进行质量监控和评估。通过收集和分析原材料的质量数据,可以发现潜在的问题和趋势,并及时采取措施进行改进。这包括与供应商的合作,共同解决质量问题,以及不断优化原材料的选择和管理流程。通过持续的质量监控和改进,可以确保原材料的稳定性和可靠性,为机械制造提供坚实的基础。

(三)制造过程的质量控制

1.生产设备和工具的使用

选择合适的生产设备和工具是制造过程质量控制的基础,企业应根据产品的特性和工艺要求,选择具有高精度、高稳定性和可靠性的设备和工具。还应定期对设备进行维护和保养,确保其处于良好的工作状态,避免因设备故障导致的质量问题。

2.制造过程监控的实施

过程监控是制造过程质量控制的重要手段。通过安装传感器、仪表等监控设备,可以实时采集生产过程中的各种数据,如温度、压力、速度等。这些数据可以反映生产过程的实际情况,为及时调整工艺参数和纠正偏差提供依据。此外,还可以利用先进的监控系统,如PLC(可编程逻辑控制器)和SCADA(监控与数据采集)系统,实现生产过程的自动化和智能化控制。

3.工艺流程和作业指导书的建立

建立合适的工艺流程和作业指导书是制造过程质量控制的重要保障。工艺流程应明确各个工序的顺序、操作方法和质量要求,确保生产过程的规范化和标准化。作业指导书则应针对具体的操作岗位,详细说明操作步骤、注意事项和质量控制点,指导操作人员正确、高效地完成工作。

4.统计过程控制(SPC)的应用

统计过程控制(SPC)是一种先进的质量控制方法,它利用统计技术对生产过程进行实时监控和改进。通过收集和分析生产过程中的数据,可以及时发现并纠正过程中的偏差,预防质量问题的发生。SPC 还可以帮助企业优化生产流程,提高生产效率和产品质量。

(四)产品质量检验和测试

1.外观检验

在机械制造过程中,产品的外观质量直接影响产品的整体形象和用户的接受度。因此,通过目视检查或使用专业的检测设备对外观进行严格把关是必要的。在外观检验中,检查人员会仔细观察产品的表面质量,包括是否存在划痕、凹陷、裂纹等缺陷,还会关注产品的颜色和光泽度是否与标准要求一致。这些细节的把握,不仅体现了制造商对产品质量的严谨态度,也是确保产品符合用户期望的重要环节。一旦发现外观缺陷,检验人员会及时记录并通知相关部门进行修复或处理,以确保最终交付给用户的产品外观完美无瑕。此外,外观检验还涉及产品标识、包装等方面的检查。确保产品标识清晰、准确,包装完好无损,也是外观检验的重要内容。这些细节的把握,有助于增强产品的整体品质感,提升用户的信任度和满意度。

2.尺寸检验

机械制造产品的几何形状和尺寸精度直接影响产品的装配性能和使用效果。因此,通过精确的尺寸检验来确保产品的尺寸符合要求是至关重要的。

在尺寸检验过程中,检验人员会使用各种精密测量设备,如游标卡尺、千分尺、三坐标测量仪等,对产品的尺寸和形状进行准确测量。这些设备具有高精度和稳定性,能够确保测量结果的准确性和可靠性。通过对比测量结果与设计要求,检验人员可以判断产品的尺寸是否合格,并及时发现尺寸超差的问题。对于尺寸超差的产品,检验人员会深入分析原因,可能是设计错误、加工失误或测量设备故障等。针对不同的原因,检验人员会提出相应的纠正措施,如修改设计图纸、调整加工工艺或校准测量设备等,以确保后续产品的尺寸精度符合要求。

3.强度测试

强度测试是评估机械制造产品力学性能的重要手段,对于确保产品的安全性和可靠性具有重要意义。在机械制造领域,产品的强度、韧性等力学性能参数是评价产品质量的重要指标。通过进行拉伸、压缩、弯曲等力学试验,强度测试可以准确地测定产品的力学性能参数。这些试验能够模拟产品在实际使用过程中可能受到的力学作用,从而评估产品的承载能力和抗变形能力。通过对比测试结果与标准要求,可以判断产品的力学性能是否满足使用要求。对于强度不足的产品,强度测试能够及时发现问题并分析原因。可能是材料选择不当、加工工艺不合理或设计缺陷等导致的。针对这些问题,制造商可以采取相应的改进措施,如更换高强度材料、优化加工工艺或改进设计等,以提升产品的力学性能。通过不断的强度测试和优化改进,可以确保机械制造产品的安全性和可靠性,满足用户的需求和期望。

4.安全性测试

安全性测试是确保产品在使用过程中不会对人员或环境造成危害的重要环节。根据产品的特性和使用要求,应进行相应的安全性测试,如电气安全测试、防火性能测试等。对于存在安全隐患的产品,必须及时采取措施进行改进或召回。

三、机械制造中检测技术的类型及其应用

(一)机械制造中检测技术的主要类型

1. 非破坏性检测(NDT)

非破坏性检测技术在机械制造领域占据着举足轻重的地位,其核心价值在于能够在不破坏或改变被检测对象的前提下,深入揭示产品内部的缺陷与性能状态。这一技术的广泛应用,极大地提升了产品质量控制的精确度和效率。其中,X射线检测凭借其强大的穿透力,能够直观展示产品内部结构,对于发现裂纹、气孔等缺陷具有显著优势。超声波检测则利用声波在不同介质中传播速度的差异,通过反射、透射等现象,精确定位缺陷位置,尤其适用于金属材料的检测。磁粉检测则是基于磁化现象,利用磁粉在缺陷处形成的磁痕来揭示表面及近表面缺陷,特别适用于铁磁性材料的检测。这些非破坏性检测方法,不仅保障了产品的完整性,更为机械制造行业的质量控制提供了强有力的技术支撑。

2. 三坐标测量技术

三坐标测量技术,作为机械制造领域中的高精度测量手段,对于确保产品几何精度和装配精度具有不可替代的作用。该技术通过三维坐标系,对成品的尺寸、形状等关键参数进行精确测量,从而全面评估产品的符合性。三坐标测量机作为该技术的核心设备,集成了先进的传感器、控制系统和数据分析软件,能够实现对复杂形状工件的自动化测量,大幅提高了测量效率和准确性。这一技术的应用,不仅有助于及时发现生产过程中的偏差,指导工艺调整,还为实现零部件的精准装配提供了可靠保障,进一步提升了产品的整体质量和性能。

3. 光学测量技术

光学测量技术以其非接触、高精度、快速响应的特点,在机械制造行业的

质量检测中占有重要地位。该技术利用光学原理,如光的干涉、衍射、散射等,结合现代光学仪器,如光学显微镜、光学投影仪、激光扫描仪等,对工件的尺寸、形状、表面质量等进行精密测量。光学显微镜能够放大微小细节,使操作人员能够清晰观察到零件表面的微观特征,为质量控制提供直观依据。光学投影仪则能够将工件轮廓投影到屏幕上,便于进行尺寸测量和形状分析。激光扫描仪则通过扫描工件表面,快速获取三维坐标数据,为产品的逆向工程、质量检测及工艺优化提供丰富的数据支持。光学测量技术的不断进步,为机械制造行业实现更高水平的质量控制开辟了新途径。

4.电子测量技术

在机械制造领域,电子测量技术以其高精度、高效率和高可靠性,成为不可或缺的检测手段。这项技术通过电子传感器和精密仪器设备,能够实现对工件尺寸、电气参数以及各类物理量的精确测量。例如,在液压系统中,压力传感器能够实时监测压力变化,确保系统稳定运行;在设备运行过程中,温度传感器则负责监控温度变化,防止过热导致设备损坏。电子测量技术的优势在于其高度的自动化和智能化。通过与现代控制系统的结合,电子测量技术能够实现数据的自动采集、处理和分析,极大提高了检测效率和准确性。此外,电子测量技术还具有广泛的适应性,能够应用于各种复杂环境和工况下,满足机械制造领域多样化的检测需求。而且,在机械制造过程中,电子测量技术不仅用于产品的质量检测,还贯穿于产品设计、生产、装配和调试等各个环节。通过精确的测量数据,企业可以及时发现并纠正生产过程中的偏差,确保产品质量的稳定性和一致性。电子测量技术还为企业提供了宝贵的数据支持,有助于优化生产工艺、提高生产效率和降低成本。

5.计算机辅助检测技术

计算机辅助检测技术是机械制造领域近年来快速发展的新兴技术。这项技术通过计算机软件和硬件设备的协同工作,实现了测量数据的实时传输、处理和分析,从而达到了高精度的测量和检测效果。三维扫描仪是计算机辅助检测技术中的一种典型应用。它能够快速获取物体的三维数据,并通过计算机软件对物体的尺寸、形状和表面特性进行精确的分析和评估。这种技术不仅提高了测量的准确性和效率,还为机械制造领域的产品设计、质量控制和逆向工程等提供了有力的支持。而且,计算机辅助检测技术的优势在于其高度的自动化和智能化。通过计算机软件的辅助,企业可以实现对测量数据的自动处理和分析,极大减少了人工干预和误差。计算机辅助检测技术还具有强大的数据处理能力,能够处理和分析大量的测量数据,为企业提供全面的质量检测和控制方案。并且,在机械制造过程中,计算机辅助检测技术不仅提高了产品质量和生产效率,还为企业带来了显著的经济效益。通过精确的测量和数据分析,企业可以及时发现并解决生产过程中的问题,确保产品的稳定性和一致性。此外,计算机辅助检测技术还为企业提供了宝贵的数据支持,有助于优化生产工艺、提高产品质量和降低成本。

(二)检测技术在机械制造中的主要应用

1.明确检测需求与目标

在机械制造过程中,应用检测技术的首要步骤是明确检测的具体需求与目标。这一步骤涉及对制造流程、产品特性以及潜在质量问题的深入理解。企业需要明确哪些环节需要检测,检测的具体参数是什么,以及期望达到的检测精度和效率。通过明确检测需求与目标,企业可以为后续的检测工作奠定坚实的基础,确保检测技术的有效应用。明确检测需求与目标后,还需要考虑检测技术的可行性和经济性。不同的检测技术具有不同的适用范围和成本,企业应根据自身实际情况选择最合适的检测技术。还需要考虑检测技术与现有生产流程的兼容性,确保检测工作不会对生产造成干扰或影响。

2.选择合适的检测技术与方法

机械制造领域涉及的检测技术众多,如电子测量技术、光学检测技术、声学检测技术、计算机辅助检测技术等。企业应根据产品的特性和检测需求,选择最适合的检测技术。在选择检测技术时,除了考虑技术的先进性和准确性外,还需要考虑技术的可靠性和稳定性。一种好的检测技术应能够在各种环境下稳定工作,提供可靠的检测结果。此外,还需要考虑技术的成本效益,确保选择的技术能够在满足检测需求的降低企业的成本。选择了合适的检测技术后,企业还需要制定详细的检测方案和方法。这包括确定检测的具体步骤、选择合适的检测设备和工具、制定检测标准和判定方法等。通过制定详细的检测方案和方法,企业可以确保检测工作的顺利进行,并获得准确的检测结果。

3.实施检测与数据分析

在实施检测时,企业需要严格按照制定的检测方案和方法进行操作,确保每一步都符合规范和要求。还需要注意检测过程中的安全和防护措施,避免对人员和设备造成损害。在检测过程中,企业应详细记录检测数据和结果,以便后续的分析和处理。完成检测后,企业需要对检测数据进行深入的分析和处理。

第七章　机械制造中的安全技术与标准

第一节　机械制造中的安全隐患与风险

一、机械伤害与物体打击

(一)机械制造中的机械伤害安全隐患

在机械制造过程中,机械伤害是一个不容忽视的安全隐患。这类伤害主要由设备零件、工具或工件的机械作用导致,其形式多种多样,包括但不限于夹伤、切割伤、挤压伤等。机械伤害的发生往往具有突发性,一旦发生,可能对作业人员的身体健康造成严重损害,甚至危及生命。机械伤害的发生原因多种多样,可能与设备的设计缺陷、维护不当、操作失误等因素有关。为了预防机械伤害的发生,企业应定期对机械设备进行检查和维护,确保其处于良好的运行状态。而且,还应在机械设备上设置明显的安全警示标志,提醒作业人员注意安全。在作业过程中,作业人员应严格遵守安全规章制度和操作规程,正确佩戴和使用安全防护用品,以确保自身安全。

(二)机械制造中的物体打击安全隐患

在机械制造过程中,物体打击是一个潜在的安全隐患。这类伤害主要发生在吊装、搬运等作业环节,由于物体坠落或碰撞而导致人员受伤。物体打击的伤害程度往往与物体的重量、形状、速度以及撞击部位等因素有关,其后果可能非常严重,甚至造成人员伤亡。为了预防物体打击事故发生,企业应加强对吊装、搬运等作业环节的安全管理,确保作业人员具备相应的资质和技能。而且,应定期对吊装设备进行检查和维护,确保其安全可靠。在作业过程中,作业人员应严格遵守安全规章制度和操作规程,正确使用吊装设备和工具,避免物体坠落或碰撞。此外,还应在作业区域设置明显的安全警示标志和防护措施,以提醒作业人员注意安全并防止物体打击事故的发生。这些策略的实施,可以有效地降低物体打击事故的发生率,保障作业人员的生命安全。

二、高温与热辐射

(一)高温环境对机械制造的影响

机械制造过程中,特别是在铸造、锻造和热处理等关键环节,高温是一个无法避免的现象。这些工艺过程中产生的高温不仅对作业人员的健康构成威胁,还可能对设备的正常运行造成不利影响。长时间处于高温环境中,作业人员容易出现中暑等健康问题,这不仅影响工作效率,还可能引发安全事故。高温环境也可能导致设备过热,进而影响其精度和寿命。这就需要加强对作业人员的健康监护,定期为他们进行体检,并提供必要的防暑降温用品。而且,企业应优化生产流程,减少作业人员在高温环境中的暴露时间。此外,还可以通过改进设备设计,提高设备的耐热性能,以确保其在高温环境下的稳定运行。这些策略的实施,不仅有助于保障作业人员的健康和安全,还能提高生产效率,降低设备故障率。

(二)热辐射对机械制造的危害

在机械制造过程中,热辐射是另一个需要关注的重要问题。铸造、锻造和热处理等工艺过程中产生的高温热辐射,不仅会对作业人员的皮肤造成伤害,还可能对眼睛等敏感部位造成损害。长时间暴露在热辐射下,作业人员可能会出现皮肤灼伤、视力下降等问题。此外,热辐射还可能对设备中的电子元件和传感器等造成干扰,影响其正常工作。为了防范热辐射带来的危害,机械制造企业应为作业人员提供适当的防护装备,如防辐射服、护目镜等。而且,企业可以通过改进工艺流程,减少热辐射的产生和传播。例如,可以采用屏蔽或吸收热辐射的技术,降低其对作业人员和设备的影响。此外,还可以加强对作业人员的培训,增强他们的安全意识和自我保护能力。这些措施的实施,有助于降低热辐射对作业人员和设备的危害,确保机械制造过程的顺利进行。

三、粉尘与有害气体

(一)机械制造中粉尘的安全隐患

在机械制造的特定环节,尤其是铸造和机械加工过程中,粉尘的产生是一个不可忽视的问题。这些粉尘不仅弥漫在空气中,影响作业环境的清晰度,更重要的是,它们对作业人员的健康构成了潜在威胁。长期暴露在高浓度的粉尘环境中,作业人员容易患上尘肺病等职业病,这些疾病往往难以治愈,严重影响着作业人员的生活质量和寿命。对此,企业需要采取一系列切实可行的措施,应优化生产工艺,减少粉尘的产生。例如,通过改进铸造和机械加工的技术,降低粉尘的排放量。而且,应加强作业场所的通风换气,确保空气流通,降低粉尘浓度,为作业人员配备专业的防尘口罩和防护服,减少粉尘的吸入。此外,定期对作业场所进行粉尘浓度检测,及时发现并处理超标情况,也是保障作业人员健康的重要手段。

(二)机械制造中有害气体的危害

在机械制造过程中,除了粉尘外,有害气体的产生也是一个不容忽视的问题。这些气体可能包括一氧化碳、二氧化碳、甲醛等,它们对作业人员的健康同样构成严重威胁。长期吸入这些有害气体,可能导致作业人员出现呼吸系统、神经系统损伤等健康问题。为了保障作业人员的健康,企业应加强对有害气体的监测和管控,确保作业场所的气体浓度符合国家标准。而且,还应为作业人员配备专业的防毒面具和呼吸器,防止有害气体被吸入,加强作业场所的通风换气,降低有害气体浓度。此外,定期对作业人员进行健康检查,及时发现并处理因吸入有害气体导致的健康问题,也是保障作业人员健康的重要措施。这些综合措施的实施,可以有效地降低有害气体对作业人员的危害,确保机械制造过程的安全与健康。

四、高强度噪声与振动

(一)机械制造中高噪声环境的危害

在机械制造过程中,诸如砂型捣固机、风动工具及锻锤等设备的运用,不可避免地会产生高强度的噪声。长期置身于这种高噪声环境中,作业人员的听力系统首当其冲,易受到严重损害,可能导致永久性听力下降,甚至引发噪声性耳聋。此外,高强度的噪声还会对作业人员的神经系统、心血管系统等产生不良影响,降低工作效率,增加事故风险。针对机械制造中高噪声环境的危害,企业应从源头入手,通过改进设备设计、采用低噪声材料和技术等手段,降低设备本身的噪声产生。同时,应加强作业场所的隔音和吸音处理,如设置隔音墙、悬挂吸音材料等,以减少噪声的传播和反射。还应为作业人员配备专业的防噪声耳塞或耳罩,确保其在作业过程中得到有效保护。此外,定期对作业人员进行听力检测,及时发现并处理听力下降等问题,也是保障作业人员健康的重要环节。

(二)机械制造中振动的危害

机械制造过程中,除了噪声外,振动也是一个不容忽视的问题。长期接触强烈的振动,作业人员可能会出现手臂震颤综合征等职业病,严重时甚至影响手部的精细操作能力。此外,振动还可能对作业人员的脊柱、关节等造成损伤,引发疼痛和不适。企业应对产生振动的设备进行定期维护和检修,确保其处于良好的运行状态,减少不必要的振动产生。而且,为作业人员提供防振手套、防振鞋垫等个人防护用品,减轻振动对手部和脚部的冲击。还应优化作业流程和布局,减少作业人员与振动设备的直接接触时间。此外,还应定期对作业人员进行健康检查,特别是针对手臂、脊柱等易受振动影响的部位,及时发现并处理因振动导致的健康问题。这些综合措施的实施,可以有效地降低振动对作业人员的危害,保障其身体健康和作业安全。

五、电气危险

(一)电气危险是机械制造中的隐形杀手

在机械制造的复杂环境中,电气危险如同一个潜藏的杀手,时刻威胁着作业人员的安全。电气线路的老化、不规范的用电行为以及设备漏电,都是引发触电事故的常见原因。触电事故发生,不仅会对受害者造成严重的身体伤害,甚至可能危及生命,同时会导致生产中断,给企业带来不可估量的经济损失。

为此,机械制造企业应建立健全的电气安全管理制度,明确各级人员的安全责任,确保电气设备的安全使用。而且,应定期对电气线路和设备进行检查和维护,及时发现并处理潜在的安全隐患。

(二)电气设备维护与检查是预防火灾的屏障

电气设备在机械制造过程中发挥着举足轻重的作用,但如果未进行定期的维护和检查,就可能成为引发火灾的定时炸弹。电气设备长时间运行、线路老化、接触不良等问题,都可能导致设备过热、短路,进而引发火灾。一旦火灾发生,不仅会造成巨大的财产损失,还可能危及人员的生命安全。因此,机械制造企业必须高度重视电气设备的维护与检查工作。一方面,应制订详细的电气设备维护计划,明确维护的周期和内容,确保设备处于良好的运行状态。另一方面,应加强对电气设备的日常巡查,如果发现异常情况,应立即进行处理。此外,还需要定期对电气设备进行预防性试验和检测,以评估设备的绝缘性能和安全性能。通过这些措施的实施,构建起一道预防火灾的坚固屏障,确保企业的生产安全。

六、人为因素导致的安全隐患

(一)机械制造中人为因素引发的安全隐患

机械制造过程,作为一个复杂且精细的系统工程,其安全性不仅依赖于先进的设备和技术,更与作业人员的行为紧密相关。人为因素,诸如作业人员的麻痹大意、疏忽懈怠,往往成为安全隐患的导火索。作业人员在工作时未能保持高度的警惕和专注,或是对安全规程置若罔闻,便可能因一时的疏忽而酿成不可挽回的后果。此外,违规操作也是机械制造中常见的安全隐患之一。作业人员为了省时省力,或是出于习惯使然,无视操作规程,擅自改变作业流程,这些行为都极大地增加了安全事故的风险。人为因素导致的安全隐患,其根源在于作业人员安全意识的淡薄和操作技能的不足。因此,要减少这类隐患,必须从提升作业人员的安全素养入手。通过定期的安全教育和培训,使作业人员深刻理解安全的重要性,掌握正确的操作方法,形成遵章守纪的良好习惯。企业还应建立健全的安全管理制度,明确作业人员的安全责任,通过严格的监督和考核,确保安全规程得到有效执行。

(二)作业人员行为对机械制造安全的影响

在机械制造过程中,作业人员的行为对安全具有举足轻重的影响。一方面,作业人员是机械制造的直接参与者,他们的操作技能、工作经验以及应对突发情况的能力,都直接关系着作业过程的安全性。一个熟练掌握操作技能、具备丰富经验的作业人员,往往能够在关键时刻化险为夷,避免事故的发生。另一方面,作业人员的工作态度和安全意识也是影响机械制造安全的重要因素。当作业人员对工作充满热情,时刻保持警惕,严格遵守安全规程时,便能够极大减少人为因素导致的安全隐患。而在现实中,作业人员的行为并非总能达到理想状态。受到多种因素的影响,如工作压力、疲劳、情绪等,作业人员可能会出现注意力不集中、操作失误等问题。这些问题看似微不足道,却往往能够引发严重的安全事故。因此,为了保障机械制造的安全,企业必须密切关注作业人员的行为状态,通过合理的工作安排、良好的工作环境以及有效的激励机制,确保作业人员能够以最佳的状态投入工作中。

第二节 机械制造安全技术的应用

一、机械设备层面的安全技术

(一)安全设计技术

1.安全设计技术是机械制造设备安全的基石

在机械制造设备的设计阶段,安全设计技术尤为关键与重要。它要求设计者在设计之初就充分考虑机械设备的安全性,通过采用合理的结构、材料和工艺,确保设备在运行过程中不会产生危害。这种前瞻性的设计理念,是保障机械制造设备安全、提高生产效率的基石。安全设计技术涉及多个方面,其中操作部分的设计尤为关键。设计者应遵循人体工程学的原则,设计出符合人体操作习惯的界面。这意味着操作界面应简洁明了,操作按钮应布局合理,易于识别和操作。这样的设计不仅能增强操作的舒适性,还能大幅降低操作失误的可能性,从而保障作业人员的安全。此外,安全设计技术还要求设计者在选择材料时充分考虑其安全性能。例如,对于可能产生高温或高压的设备部件,应选择耐高温、耐高压的材料,以防止设备在运行过程中发生爆炸或泄漏等危险情况。设计者还应关注材料的环保性能,确保机械制造设备在使用过程中不会对环境造成污染。

2.从设计到实施的全面安全保障

机械制造设备的安全性不仅取决于设计阶段的安全设计技术,还需要在实施过程中使其得到全面保障。这要求制造企业在生产过程中严格遵守安全规范,确保设备的制造质量符合设计要求。企业还应加强对作业人员的培训,增强他们的安全意识和操作技能,确保他们在使用机械设备时能够遵守安全规定,正确操作设备。在机械制造设备的使用过程中,定期维护和检查也是保障安全的重要环节。企业应制订完善的维护计划,定期对设备进行检查和维修,及时发现并处理潜在的安全隐患。此外,企业还应建立完善的应急响应机制,如果发生安全事故,能够迅速采取措施进行救援和处理,最大限度地减少损失。

(二)安全监测与预警技术

1.热加工安全监测技术

在机械制造的热加工领域,安全监测技术的应用至关重要。这一环节主要依赖于先进的传感器技术,这些传感器被精心布置在各类热加工设备上,如木模工艺中的刨床、锯床以及车削设备,还有碾砂工艺中的碾砂机等。这些传感器如同设备的"神经末梢",能够实时捕捉到设备运行过程中的各种数据,包括但不限于温度、压力、振动等关键参数。数据的收集只是第一步,真正的关键在于如何处理和利用这些数据。大数据技术和云计算平台的引入,为热加工安全监测提供了强大的支持。通过云计算平台,海量的数据得以快速处理和分析,从而能够及时发现设备运行中的异常情况。一旦监测到潜在的安全隐患,系统会立即发出预警信号,提醒操作人员及时采取措施,避免事故发生。此外,热加工安全监测技术还注重于设备的预防性维护。通过对设备运行数据的持续监测和分析,预测设备的磨损情况和剩余寿命,从而制订出更为合理的维护计划,减少因设备故障导致的停机时间和安全事故。

2.热加工安全预警系统

在机械制造的热加工过程中,安全预警系统扮演着举足轻重的角色。它不仅能够实时监测设备的运行状态,更能在关键时刻发出预警信号,为操作人员争取到宝贵的应急处理时间。安全预警系统的核心在于其高度智能化的处理能力。当传感器监测到设备运行数据超出预设的安全范围时,系统会立即启动预警机制。预警信号通常以声光形式出现,确保操作人员能够迅速察觉并作出反应。系统还会提供详细的故障信息和处理建议,帮助操作人员更快地定位问题并采取措施。除了实时监测和预警功能外,安全预警系统还具备数据记录和分析能力。通过对历史数据的分析,揭示出设备运行的潜在规律和安全隐患,为设备的改进和优化提供有力支持。此外,系统还能够根据设备的实际运行情况,自动调整预警参数,确保预警的准确性和及时性。

(三)安全控制技术

1.安全控制技术是机械制造设备的自动化守护神

在机械制造设备领域,安全控制技术如同一位隐形的守护神,默默地守护着设备的安全运行。通过集成先进的安全控制系统,这一技术实现了对机械设备的自动化控制和监测,确保设备始终在安全参数范围内运行。安全控制技术通过实时监测设备的各项运行指标,如温度、压力、速度等,能够及时发现潜在的安全隐患。一旦检测到异常情况,系统会立即发出警报,并自动采取相应的安全措施,如停机、减速等,以防止事故的发生。这种自动化的控制方式不仅增强了设备的安全性,还极大减轻了操作人员的工作负担,提高了工作效率。此外,安全控制技术还具备强大的数据处理和分析能力。它能够记录设备的运行数据,并进行深入的分析和挖掘,从而帮助企业更好地了解设备的运行状况,优化设备的维护计划,延长设备的使用寿命。这一技术的应用,为机械制造设备的安全运行提供了有力的保障。

2.安全控制技术的核心作用

在机械制造设备的运行过程中,通过集成安全控制系统,机械制造设备能够实现自动化控制和监测。这意味着设备可以在无人值守的情况下,依然能够保持安全稳定运行。这对于增强设备的可靠性和降低事故风险具有重要意义。安全控制技术还能够对设备的故障进行及时的诊断和预测。通过监测设备的运行数据,系统可以分析出设备的故障模式和寿命周期,从而提前进行维护和更换,避免因故障导致的安全事故。这种预测性的维护方式,不仅提高了设备的安全性,还降低了维修成本和停机时间。

二、人员管理与培训层面的安全技术

(一)安全教育与培训

1.安全教育与培训是提升作业人员安全意识的基石

在机械制造行业,安全始终是第一位的。为了确保作业人员的安全,定期对作业人员进行安全教育和培训是至关重要的。这一举措旨在增强作业人员的安全意识和操作技能,使他们能够更好地应对工作中的各种安全风险。安全教育和培训的内容丰富多样,包括但不限于安全规章制度、操作规程以及个人防护用品的正确使用等。通过培训,作业人员能够深入了解安全规章制度的重要性,明确自己在工作中的安全责任和义务。他们还能够学习到正确的操作规程,掌握安全操作的方法和技巧,避免因操作不当而引发的安全事故。此外,个人防护用品的正确使用也是安全教育和培训的重要内容之一。作业人员需要了解各种个人防护用品的用途和使用方法,如安全帽、防护眼镜、防护服等。在培训过程中,他们可以通过实际操作和演练,熟悉这些防护用品的使用方式,确保在工作中能够正确佩戴和使用,从而有效地保护自己免受伤害。

2.强化安全培训,为作业人员保驾护航

在机械制造行业,作业人员的操作技能直接关系着工作的安全和效率。因此,强化安全培训,提高作业人员的操作技能是至关重要的。通过定期的安全培训,作业人员可以不断更新和提升自己的操作技能。他们可以学习到最新的安全技术和操作方法,了解如何更好地使用和维护机械设备,从而提高工作效率和安全性。此外,培训还可以帮助作业人员识别和解决潜在的安全问题,提高他们的应急处理能力。而且,在机械制造过程中,团队协作和沟通是至关重要的。通过培训,作业人员可以学到如何与同事有效地沟通和协作,共同应对工作中的安全挑战。这种团队协作和沟通能力的培养,不仅有助于提高工作效率,还能够增强作业人员的凝聚力和归属感。

(二)安全管理制度

1. 安全管理制度是机械制造安全技术应用的基本条件

在机械制造安全技术应用的广阔舞台上,安全管理制度扮演着举足轻重的角色。它如同一座坚固的基石,支撑着整个安全技术体系,确保机械制造过程的顺利进行。建立健全的安全管理制度,是机械制造企业不可或缺的一项任务。安全管理制度的建设,首要任务是明确各级人员的安全责任和义务。从高层管理者到基层作业人员,每个人都应承担起自己在安全方面的职责,形成全员参与、共同维护的安全文化。这样,当安全问题出现时,能够迅速找到责任人,及时采取措施进行整改,防止事态的扩大。

2. 制度约束确保安全规程的严格遵守

在机械制造过程中,违规操作是引发安全事故的主要原因之一,为了降低违规操作的可能性,必须依靠制度的约束力量。安全管理制度应明确规定作业人员在工作中应遵守的安全规程和操作规范,以及违反规定所应承担的后果。通过制度的严格执行,可以促使作业人员在工作中时刻保持警惕,严格按照规程操作。企业还应加强对作业人员的监督和管理,确保他们时刻处于安全状态。对于违反安全规定的行为,企业应及时进行纠正和处理,以儆效尤,防止类似问题的再次发生。

3. 安全管理制度的完善与更新

随着机械制造技术的不断进步和安全理念的不断更新,安全管理制度也需要不断完善和更新。企业应密切关注行业动态和安全技术的发展趋势,及时将新的安全理念和技术融入管理制度中,确保其始终与时俱进。在完善安全管理制度的过程中,企业还应注重制度的可操作性和实用性。制度不应仅仅是一纸空文,而应能够真正指导作业人员的实际操作。因此,在制定制度时,应充分征求作业人员的意见和建议,确保制度能够贴近实际、易于操作。

(三)安全文化建设

1.机械制造领域的安全文化氛围营造

在机械制造行业,营造浓厚的安全文化氛围,意味着将安全意识深深植根于每一位作业人员的心中。这不仅需要通过制度化的管理手段,更需要借助多样化的宣传教育活动。安全标语作为直观且易于接受的形式,被广泛应用于机械制造企业的各个角落。这些标语简洁明了,富有警示性,时刻提醒着作业人员注意安全。定期举办的安全知识竞赛等活动,更是激发了作业人员学习安全知识的热情,让他们在轻松愉快的氛围中增强安全意识。当作业人员真正将安全视为一种习惯、一种自觉行为时,机械制造企业的安全生产就有了最坚实的基础。因此,营造浓厚的安全文化氛围,是机械制造企业安全管理中不可或缺的一环,也是推动企业持续健康发展的重要动力。

2.工业4.0背景下的机械制造安全技术革新

随着工业4.0时代的到来,机械制造行业正经历着前所未有的变革。智能化、自动化和数字化技术的广泛应用,为机械制造安全技术带来了新的发展机遇。机器学习和数据挖掘等先进技术的引入,使得机械制造企业能够对历史数据和实时数据进行深入分析。这不仅有助于识别潜在的安全风险,还能预测可能发生的事故,为企业的安全生产提供科学依据。通过这些技术手段,企业可以更加精准地制定安全防范措施,提高安全管理水平。虚拟现实和人机交互等技术的应用,也为机械制造企业的安全培训和管理带来了革新。传统的安全培训方式往往缺乏真实感和互动性,而虚拟现实技术则能够模拟出逼真的生产环境,让作业人员在虚拟环境中接受安全培训,提高他们的应急处理能力和实际操作技能。

3.智能化技术在机械制造安全管理中的应用前景

随着技术的不断进步和成本的降低,越来越多的机械制造企业开始尝试将智能化技术应用于安全管理领域。智能化技术不仅能够提高安全管理的效率和准确性,还能降低人为因素导致的安全风险。例如,通过智能化的监控系统,企业可以实时监测生产设备的运行状态和作业人员的操作行为,一旦发现异常情况,便能立即发出预警信号,及时采取措施避免事故的发生。此外,智能化技术还能为机械制造企业的安全管理提供数据支持。通过对大量数据的分析和挖掘,企业可以发现安全管理的薄弱环节和潜在风险,从而有针对性地制定改进措施和优化方案。这将有助于提升企业的整体安全管理水平,确保生产的顺利进行和人员的安全健康。

第三节　机械制造中的标准化与规范化

一、机械制造中标准化与规范化的定义

(一)标准化的内涵

在机械制造这一精密而复杂的领域中,标准化如同一座灯塔,为整个生产过程提供了明确的方向和准则。标准化,简而言之,就是在机械制造过程中,确立统一的技术要求、规范和规则,这些标准和要求深入了机械零部件的每一个细节,包括尺寸、材料选择以及加工要求等。它们如同一把精准的尺子,衡量着每一件产品的质量和性能,确保它们都能达到预期的标准。标准化的实施,极大地减少了人为因素的干扰,使得生产过程更加稳定可靠。它像一条无形的纽带,将各个环节紧紧相连,确保了产品质量的一致性。标准化还提高了生产效率,降低了生产成本,为机械制造企业的持续发展奠定了坚实的基础。在机械制造的广阔天地里,标准化以其独特的魅力,引领着整个行业不断向前发展。

(二)机械制造中规范化的含义

规范化,顾名思义,就是将标准化的要求和规范进一步具体化,形成一套

详尽而实用的操作指南和方法。它深入生产流程的每一个环节,从最初的设计到最终的测试,都制定了明确的操作步骤和注意事项。规范化如同一位经验丰富的导师,指导作业人员在生产过程中如何操作、如何协调。它确保了作业过程的统一性和协调性,使得每一个环节都能紧密衔接,高效运转。通过规范化,作业人员能够更加明确自己的职责和操作要求,减少误操作和浪费,提高生产效率和产品质量。在机械制造的舞台上,规范化以其独特的价值,为企业的持续发展贡献着力量。

二、机械制造中标准化与规范化的重要性

(一)提高产品质量

1.标准化是机械制造中提高产品质量的有效途径

在机械制造领域,标准化是一项至关重要的原则,它贯穿于整个生产流程之中,成为提升产品质量、优化生产效率和降低成本的基石。标准化意味着在机械制造的每一个环节,从设计、材料选择、加工工艺到装配调试,都遵循着一套统一、明确且经过验证的标准和规范。这一做法极大地减少了因人为因素或操作差异导致的质量波动,使得每一件产品都能达到预期的性能指标和品质要求。标准化不仅促进了技术的积累和传承,还为机械制造企业的持续改进提供了可能。通过标准化作业,企业能够更容易地识别生产过程中的瓶颈和问题点,进而有针对性地采取措施进行优化。标准化还有助于提升企业的管理水平和市场竞争力,因为它使得企业的生产流程更加透明、可控,为实现精益生产和智能制造奠定了坚实的基础。此外,标准化还有助于企业更好地融入全球供应链,与国际标准接轨,从而拓宽市场,提升国际竞争力。在实践中,机械制造企业应积极建立和完善自身的标准化体系,包括技术标准、管理标准和工作标准等,还应注重标准的更新和维护,确保标准能够紧跟行业发展和技术进步的步伐。通过持续推行标准化作业,企业可以不断提升产品质量,

降低生产成本,增强市场竞争力,实现可持续发展。

2.规范化管理对机械制造产品质量的保障作用

在机械制造行业中,规范化管理是保证产品质量、提升生产效率和确保生产安全的重要手段。规范化管理要求企业在机械制造的全过程中,从原材料的采购、生产计划的制订、生产过程的控制到成品的检验和出厂,都严格按照既定的规范和流程进行。通过规范化管理,企业可以确保生产过程中的每一个环节都得到有效控制,从而避免质量问题的发生。规范化管理不仅要求生产人员严格遵守操作规程,还强调对生产设备的定期维护和保养,以确保设备的精度和稳定性。此外,规范化管理还涉及对生产环境的严格控制,包括温度、湿度、清洁度等,以确保产品在生产过程中不受外界因素的干扰。规范化管理还有助于提升企业的整体管理水平和员工素质。通过制定明确的规范和流程,企业可以更容易地对员工进行培训和管理,提高员工的工作效率和执行力。规范化管理还有助于培养员工的责任感和纪律性,使员工更加注重细节和品质,从而为提升产品质量奠定坚实的基础。

(二)提升生产效率

1.制定统一标准是机械制造效率提升的基石

在机械制造领域,效率是企业追求的核心目标之一,而要实现这一目标,制定和实施统一的机械制造标准和规范显得尤为重要。这些标准和规范为生产过程提供了明确的指导和依据,使得机械制造过程能够更加有序和高效地进行。统一的机械制造标准,意味着在设计和生产过程中,各个环节都遵循着相同的准则和要求。这样一来,不同部门、不同团队之间的沟通和协作就变得更加顺畅,减少了因标准不一而带来的冲突和矛盾。统一的标准还有助于企业实现资源的优化配置,避免浪费和重复劳动,从而进一步提高生产效率。

2.规范实施过程确保机械制造的高效运行

规范实施,意味着在生产过程中,严格按照既定的标准和规范进行操作,确保每一个环节都达到预期的要求。规范实施过程,需要企业加强对作业人员的培训和管理。通过培训,让作业人员熟悉和掌握统一的机械制造标准和规范,增强他们的操作技能和安全意识。企业还应建立完善的监督机制,对生产过程进行实时监控和检查,确保作业人员严格遵守规范,及时发现和纠正问题,确保机械制造过程的高效运行。

3.减少浪费与重复劳动是提升机械制造效率的关键

在机械制造过程中,浪费和重复劳动是影响生产效率的重要因素。而通过制定和实施统一的机械制造标准和规范,可以有效地减少这些浪费和重复劳动。统一的标准和规范,使得机械制造过程更加标准化和流程化。作业人员只需要按照既定的步骤和要求进行操作,就可以避免浪费和重复劳动。企业还可以通过优化生产流程,提高设备的利用率和生产效率,进一步降低生产成本,提升企业的竞争力。

(三)保障作业安全

1.规范化管理是奠定机械制造作业安全的基础

在机械制造这一复杂而精细的行业中,作业安全始终是企业最为关注的重点之一。为了有效保障作业人员的生命安全,规范化管理显得尤为重要。通过制定和实施一系列严格的安全管理制度和操作规程,规范化管理为机械制造作业安全奠定了坚实的基础。规范化管理明确了作业过程中的安全要求和操作步骤,使得作业人员能够清晰地了解自己的职责和操作规范。这有助于降低因操作不当或疏忽大意而引发的事故风险,确保作业过程的安全可控。规范化管理还强调了安全培训和教育的重要性,通过定期的安全培训,增强作业人员的安全意识和操作技能,进一步提高作业安全的保障能力。

2.标准化作业有利于降低事故与人为错误的风险

在机械制造过程中,标准化作业是保障作业安全的另一个重要手段。通过制定统一的作业标准和规范,标准化作业确保了作业过程的一致性和可重复性,降低了因人为差异而引发的事故风险。标准化作业要求作业人员在生产过程中严格遵守既定的标准和规范,按照统一的步骤和要求进行操作。这不仅有助于提高作业效率,还能有效避免人为错误的发生。标准化作业还强调了作业环境的整洁和有序,要求作业人员保持良好的工作习惯,确保作业现场的安全和卫生。

3.规范化与标准化相结合,全面提升机械制造作业安全保障能力

为了全面提升机械制造作业的安全保障能力,企业需要综合运用规范化管理和标准化作业等手段。通过建立健全的安全管理制度和操作规程,加强安全培训和教育,增强作业人员的安全意识和操作技能;通过推广标准化作业,降低事故和人为错误的风险,确保作业过程的安全可控。此外,企业还应加强作业现场的监督和检查,及时发现和纠正安全隐患,确保各项安全措施得到有效执行。通过综合施策,企业可以全面提升机械制造作业的安全保障能力,为作业人员的生命安全提供有力的保障。

三、标准化与规范化的实施内容

(一)制定标准体系

1.构建机械制造企业的产品标准体系

在机械制造行业内,构建一套完善的产品标准体系是企业确保产品质量、提升市场竞争力的重要基石。这一体系应紧密围绕国家和行业标准,同时充分考虑企业的实际情况和市场需求。产品标准体系不仅涵盖了产品的设计、制造、检验等各个环节,还应对产品的性能、安全、环保等方面提出明确要求。在制定产品标准时,企业应深入研究国家和行业的相关标准,确保自身标准与之相协调、相衔接。企业还应根据自身的技术实力、生产条件和市场定位,合理设定产品标准,既不过高也不过低,以确保标准的可行性和有效性。此外,产品标准体系还应具有动态性,能够随着技术进步、市场需求的变化而及时调整和完善。通过构建完善的产品标准体系,企业可以明确产品质量的衡量尺度,为生产、检验和质量控制提供有力依据。这不仅有助于增强产品的稳定性和可靠性,还能增强消费者对产品的信任度,从而提升企业的品牌形象和市场竞争力。

2.优化机械制造企业的工艺标准体系

工艺标准体系是机械制造企业确保生产过程规范、高效的重要保障。这一体系应涵盖从原材料准备、加工制造到成品装配等各个环节,对每一道工序都提出明确的操作要求和质量控制标准。在制定工艺标准时,企业应充分考虑生产设备的性能、操作人员的技能水平以及生产环境的实际情况,确保标准既具有指导性又具有可操作性。工艺标准还应与产品标准相协调,确保生产过程能够满足产品质量的要求。而优化工艺标准体系不仅有助于提升生产效率和产品质量,还能降低生产成本和减少浪费。通过标准化作业,企业可以更容易地实现生产过程的监控和管理,及时发现和解决问题,从而确保生产过程的稳定性和可控性。

3.完善机械制造企业的检验标准体系

检验标准体系是机械制造企业确保产品质量符合标准和要求的重要环节。这一体系应涵盖从原材料进厂、生产过程到成品出厂的各个阶段,对每一个检验项目都提出明确的检验方法和判定标准。在制定检验标准时,企业应充分考虑产品的特性和质量要求,确保检验标准具有科学性和准确性。检验标准还应与生产过程和工艺标准相协调,确保检验过程能够全面、准确地反映产品的质量状况。完善检验标准体系不仅有助于提升产品的合格率和质量水平,还能提升企业对产品质量的控制能力。通过严格的检验和测试,企业可以及时发现产品存在的问题和不足,从而采取有针对性的措施进行改进和提升。这不仅有助于提升企业的市场竞争力,还能为企业的可持续发展奠定坚实的基础。

(二)构建员工标准化和规范化管理培训机制

1.构建员工标准化培训机制是强化机械制造管理基石

在机械制造行业,员工的标准化意识和执行能力直接关系着产品质量、生产效率以及作业安全。因此,构建一套完善的员工标准化培训机制至关重要。这套机制旨在通过系统的培训,使员工深入理解和掌握机械制造领域的各项标准和规范,从而增强他们的标准化意识和执行能力。培训机制应涵盖标准解读、操作规程以及安全要求等多个方面。在标准解读方面,培训应重点讲解国家、行业以及企业内部的相关标准,使员工明确各项标准的具体要求和实施细节。在操作规程方面,培训应详细介绍机械制造过程中的各项操作步骤和方法,确保员工能够熟练掌握并正确执行。安全要求也是培训的重要内容之一,通过培训使员工充分认识到安全的重要性,并掌握必要的安全防范措施和应急处理能力。

2.规范化管理培训有助于提升机械制造员工执行力

规范化管理培训旨在使员工明确企业在机械制造过程中的各项管理要求和流程,从而提高他们的执行力和协作能力。在规范化管理培训中,企业应重点讲解生产流程、质量控制、设备管理以及安全生产等方面的管理要求和规范。通过培训,使员工了解企业在这些方面的具体做法和要求,明确自己的职责和权限,从而更好地参与到机械制造过程中来。培训还应注重培养员工的团队协作精神和沟通能力,使他们能够更好地与同事协作,共同完成各项任务。

(三)全面监督与检查

1.全面监督确保机械制造标准的严格执行

在机械制造行业中,全面监督是确保生产过程规范、产品质量可靠以及作业安全的重要手段。通过对机械制造生产过程的全面监督,企业可以实时掌握生产进度、质量控制以及安全状况,从而确保各项标准的严格执行。全面监督应涵盖机械制造生产过程的各个环节,从原材料采购、生产加工到成品检验等,都需要进行严格的监督和检查。在监督过程中,企业应注重细节,对每一个生产环节都要进行仔细的检查和评估,确保生产过程的规范性和标准性。企业还应建立完善的监督机制,明确监督人员的职责和权限,确保监督工作的有效进行。通过全面监督,企业可以及时发现生产过程中存在的问题和不足,从而采取针对性的措施进行改进和优化。这不仅有助于提高产品质量和生产效率,还能有效降低生产成本和安全风险,为企业的持续发展提供有力保障。

2.定期检查与评估能够及时发现并纠正机械制造中的问题

通过定期的检查和评估,企业可以对机械制造生产过程、产品质量以及安全等方面进行全面的了解和掌握,及时发现并纠正存在的问题。在检查和评估过程中,企业应注重客观性和公正性,确保检查结果的真实性和准确性。企业还应建立完善的评估机制,对检查结果进行深入的分析和研究,找出问题的根源和症结,从而制定有效的改进措施和方案。而且,通过定期检查与评估,企业可以不断完善机械制造过程中的各项标准和规范,提高产品质量和生产效率,降低生产成本和安全风险。这还有助于提升企业的管理水平和竞争力,为企业的长远发展奠定坚实的基础。

第八章　机械制造技术的创新与未来展望

第一节　机械制造技术的创新驱动因素

一、市场需求的变化

(一)消费升级与多样化

1.消费升级驱动机械制造技术创新

随着社会经济的快速发展,人们的生活水平显著提升,对机械产品的需求也随之升级。消费者对机械产品的性能、质量、效率等方面的要求日益提高,不再仅仅满足于基本的使用功能,而是更加注重产品的综合性能和用户体验。这种消费升级的趋势,促使机械制造企业不得不进行技术创新,以提升产品的竞争力和市场占有率。企业通过引进先进技术、优化生产工艺、加强质量管理等措施,不断提高产品的性能和质量水平,以满足消费者对高品质机械产品的需求。企业还注重产品的外观设计和人性化设计,提升产品的美观性和易用性,从而赢得消费者的青睐。

2.多样化需求促进机械制造技术多元化发展

随着市场的不断细化和消费者需求的多样化,机械制造企业面临着更加复杂的市场环境。消费者对机械产品的需求不再局限于传统的应用领域,而是向更多元化的方向发展。例如,在农业、工业、医疗、航空等领域,消费者对机械产品的需求都呈现出不同的特点和要求。这种多样化需求促使机械制造企业必须进行技术多元化发展,以满足不同领域消费者的需求。企业通过研发新技术、开拓新市场、推出新产品等方式,不断拓宽应用领域和市场空间,实现技术的多元化和产品的多样化。企业还注重与消费者的沟通和互动,及时了解消费者的需求和反馈,以便更好地满足市场的多样化需求。

3.个性化与定制化趋势引领机械制造技术创新方向

在消费升级和多样化需求的大背景下,个性化与定制化趋势逐渐成为机械制造技术创新的重要方向。消费者对机械产品的个性化需求越来越强烈,希望产品能够符合自己的独特品位和使用习惯。随着定制化服务的普及和消费者对产品差异化的追求,机械制造企业也开始提供定制化服务,以满足消费者的个性化需求。这种趋势促使机械制造企业必须加强技术创新和研发能力,以实现产品的个性化和定制化生产。企业通过引入先进的制造技术、建立灵活的生产系统、加强产品设计和研发等措施,不断提升产品的个性化和定制化水平。企业还注重与消费者的合作和沟通,共同参与到产品的设计和生产过程中,以更加精准地满足消费者的个性化需求。

(二)新兴市场的崛起

1.抓住新兴市场机遇是机械制造企业的战略选择

面对新兴市场的崛起,机械制造企业需敏锐洞察市场变化,积极调整战略方向。新兴市场的快速发展,意味着巨大的市场需求和潜在的增长空间。企业应将新兴市场作为重要的战略目标,加大市场拓展力度,通过深入了解当地市场需求和竞争格局,制定针对性的市场进入策略。在新兴市场中,机械制造企业需要注重技术创新和产品研发,以满足当地消费者的特定需求。这要求企业不断加大研发投入,引进先进技术,提升产品性能和质量。企业还应加强与当地合作伙伴的协作,共同开发适合新兴市场的产品和技术,实现互利共赢。

2.技术创新有利于适应新兴市场需求

新兴市场具有独特的文化、经济和消费习惯,这对机械制造企业提出了更高的要求。为了在新兴市场中脱颖而出,企业需要注重技术创新和差异化竞争。通过深入了解当地消费者的需求和偏好,企业可以开发出更符合市场需求的产品和服务。在新兴市场中,机械制造企业还应注重品牌建设和营销推广。通过提升品牌知名度和美誉度,企业可以赢得消费者的信任和忠诚。利用当地媒体和社交平台进行营销推广,可以更有效地触达目标消费者,提升市场占有率。

3.深化本地化运营是机械制造融入新兴市场的重要途径

为了在新兴市场中实现长期发展,机械制造企业需要深化本地化运营。这包括建立当地的生产基地、销售团队和售后服务体系,以确保能够快速响应市场需求并提供及时的服务支持。此外,企业还应注重与当地政府和行业协会的沟通和合作。通过参与当地的经济建设和社会公益活动,企业可以更好地融入当地社会,树立良好的企业形象。与行业协会的合作也有助于企业了解行业动态和政策法规,为企业的合规经营提供保障。

二、技术进步的推动

(一)新一代信息技术的发展

1.物联网技术助力机械制造智能化升级

物联网技术作为新一代信息技术的代表,正深刻改变着机械制造行业的生产模式。通过将传感器、执行器等设备嵌入到机械产品中,物联网技术实现了设备间的互联互通,使得机械制造过程更加智能化和自动化。这种智能化的生产模式不仅提高了生产效率,还降低了人为因素导致的错误和浪费,从而提升了产品质量。物联网技术还使得机械制造企业能够实现远程监控和故障诊断,及时发现问题并进行处理,确保生产过程的连续性和稳定性。此外,物联网技术还为机械制造企业提供了丰富的数据资源,通过对这些数据的分析和挖掘,企业可以更好地了解市场需求和产品性能,为产品创新和优化提供有力支持。

2. 大数据技术驱动机械制造精准决策

在机械制造领域,大数据技术的应用为企业提供了前所未有的数据支持。通过收集和分析生产过程中的各种数据,如设备状态、生产效率、产品质量等,企业可以更加精准地掌握生产情况,及时发现问题并进行优化。大数据技术的应用不仅提高了机械制造企业的决策效率,还降低了决策风险。通过对历史数据的分析和挖掘,企业可以发现生产过程中的规律和趋势,为未来的生产计划和决策提供科学依据。大数据技术还可以帮助企业实现个性化定制和精准营销,根据消费者的需求和偏好,提供更加符合市场需求的产品和服务。

3. 人工智能技术引领机械制造创新发展

人工智能技术作为新一代信息技术的核心,正为机械制造技术的创新带来无限可能。通过模拟人类智能的思维和行为方式,人工智能技术可以实现机械制造过程中的自动化、智能化和柔性化。在机械设计、工艺规划、生产调度等环节,人工智能技术可以辅助工程师进行决策和优化,提高设计效率和生产效益。人工智能技术还可以实现机械产品的智能控制和自适应调整,根据工作环境和任务需求,自动调整设备参数和工作模式,以达到最佳的工作效果。此外,人工智能技术还可以帮助机械制造企业实现智能化管理和服务,提高企业的运营效率和客户满意度。随着人工智能技术的不断发展和应用,机械制造行业将迎来更加广阔的发展前景和创新机遇。

(二)跨学科技术的融合

1. 材料科学与机械制造的融合,开启新材料应用时代

随着新材料的不断涌现,机械制造领域也迎来了新的变革。例如,高性能合金、复合材料、纳米材料等先进材料的研发,为机械制造提供了更广阔的材料选择空间。这些新材料不仅具有优异的力学性能,还能满足特殊环境下的使用要求,如高温、高压、腐蚀等。通过与材料科学的融合,机械制造技术得以在材料选用、结构设计、加工工艺等方面实现创新,推动机械制造产品向更高性能、更轻量化、更环保的方向发展。

2.电子科学与机械制造的融合是智能化转型的加速器

电子科学的快速发展,为机械制造技术的智能化转型提供了有力支撑。传感器、控制器、执行器等电子元件的集成应用,使得机械制造系统能够实现精准控制、自动监测和智能决策。例如,在智能制造领域,通过物联网、大数据、云计算等技术的融合应用,机械制造企业可以实现对生产过程的实时监控、数据分析和优化调整,提高生产效率和产品质量。电子科学与机械制造的融合,不仅提升了机械制造技术的智能化水平,还为企业带来了更高的生产柔性和市场竞争力。

3.计算机科学与机械制造的融合,数字化设计的新篇章

计算机科学的发展,为机械制造技术的数字化设计开辟了新途径。计算机辅助设计(CAD)、计算机辅助工程(CAE)、计算机辅助制造(CAM)等技术的广泛应用,使得机械制造产品的设计、分析和制造过程更加高效、精准。通过计算机科学与机械制造的融合,设计师可以运用先进的算法和仿真技术,对机械产品进行虚拟设计、性能预测和优化改进,大幅缩短了产品开发周期,降低了研发成本。数字化设计还为机械制造产品的个性化定制和批量生产提供了可能,满足了市场多样化、定制化的需求。

三、企业自身的努力

(一)技术研发的投入

1.技术研发投入机械制造创新的基石

机械制造企业在技术创新上的投入,被视为推动企业持续发展和提升市场竞争力的核心要素。技术研发不仅关乎企业当前的产品优化与升级,更关乎企业未来的战略布局与市场地位。通过加大在技术研发上的投入,企业能够引进更先进的生产设备和技术,提升生产效率和产品质量,从而在激烈的市场竞争中占据优势。这种投入不仅是对现有技术的改进和完善,更是对新技术的探索和研究,为企业的长远发展奠定坚实基础。

2.研发投入与企业创新能力的正向关联

技术研发投入与企业的创新能力之间存在着密切的正向关联。一方面,加大研发投入意味着企业有更多的资源和资金用于新技术的研发和创新,这有助于企业突破技术瓶颈,实现技术上的突破和创新。另一方面,研发投入还能够吸引和留住更多的技术人才,为企业的技术创新提供源源不断的人才支持。技术人才的聚集和交流,能够激发企业的创新活力,推动企业在技术研发上不断取得新的成果。因此,可以说研发投入是企业提升创新能力的重要途径。

3.加速技术进步与产品创新的研发投入策略

为了加速技术进步和产品创新,机械制造企业需要制定科学合理的研发投入策略。一方面,企业应明确技术研发的目标和方向,确保研发投入能够有的放矢,取得实效;另一方面,企业应建立健全的技术研发体系,包括研发团队的组建、研发流程的优化、研发资金的管理等,为技术研发提供有力的保障。企业还应加强与高校、科研机构等外部单位的合作与交流,共同开展技术研发和创新活动,实现资源共享和优势互补。通过这些策略的实施,机械制造企业能够更有效地利用研发投入,推动技术进步和产品创新,为企业的持续发展注入新的动力。

(二)人才的引进和培养

1.优秀人才对机械制造技术创新的战略意义

在机械制造行业,优秀的人才不仅是企业发展的基石,更是推动技术创新的关键因素。随着科技的飞速进步和市场竞争的日益激烈,机械制造企业面临着前所未有的挑战与机遇。为了在这场技术革命中占据先机,企业必须深刻认识到优秀人才对技术创新的重要战略意义。优秀人才不仅具备深厚的专业知识,更拥有敏锐的市场洞察力和前瞻性的技术视野,能够准确把握行业发展趋势,引领企业技术创新方向。他们通过不断探索和实践,将先进的科技理念融入机械制造领域,推动企业产品升级和技术革新,从而增强企业的核心竞争力和市场占有率。因此,机械制造企业必须将优秀人才的引进和培养放在战略高度,为企业的长远发展奠定坚实的人才基础。

2. 加强机械制造企业人才培养的多元路径

机械制造企业要实现技术创新,必须加强人才培养,而这一过程需要多元化的培养路径。一方面,企业应注重内部员工的技能培训和知识更新,通过定期举办技术讲座、研讨会和实操训练,提升员工的专业素养和实践能力。企业还可以与高校、科研机构建立紧密的合作关系,共同开展科研项目和人才培养计划,为企业输送具备创新精神和实践能力的新鲜血液。另一方面,企业应鼓励员工参与国内外技术交流和学习,拓宽视野,吸收先进经验和技术成果,不断提升自身的技术水平和创新能力。此外,企业还可以通过设立创新奖励机制,激发员工的创新热情和积极性,为企业的技术创新营造良好的氛围。

3. 构建机械制造企业人才引进的开放体系

在全球化背景下,机械制造企业的人才引进必须构建开放的体系,以吸引和汇聚全球范围内的优秀人才,企业应积极拓展招聘渠道,通过线上线下相结合的方式,广泛发布招聘信息,吸引国内外优秀人才的关注。企业应制定具有竞争力的人才引进政策,包括优厚的薪酬待遇、完善的职业发展路径和舒适的工作环境等,以增强对优秀人才的吸引力。在人才引进过程中,企业还应注重人才的背景调查和能力评估,确保引进的人才真正符合企业的需求和发展方向。此外,企业应加强与行业协会、人才中介机构的合作,共同搭建人才引进平台,实现资源共享和优势互补,为企业的技术创新提供强有力的人才支撑。

(三)合作与开放创新

1. 企业—高校—研究机构技术合作的重要性

在当今快速发展的机械制造领域,技术合作已成为推动企业创新、提升核心竞争力的关键途径,企业与高校、研究机构之间的紧密合作,不仅能够实现资源的共享与优化配置,更能在技术层面形成优势互补,共同攻克技术难题。高校与研究机构拥有丰富的科研资源和深厚的学术积累,能够为企业提供前沿的技术支持和理论指导,而企业则拥有将科研成果转化为实际生产力的能力和市场需求的第一手信息。这种合作模式,促进了知识与技术的流动,加速了机械制造技术创新的进程。通过合作,企业可以更快地掌握新技术、新工艺,提升产品性能和质量,从而在激烈的市场竞争中占据有利地位。这种合作模式也有助于培养高素质的人才队伍,为企业的持续发展奠定坚实的基础。

2.开放创新模式对机械制造企业的推动作用

开放创新模式作为一种新兴的创新策略,正逐渐成为机械制造企业提升创新能力的重要手段。这一模式强调企业应打破内部研发的局限,积极寻求外部的创新资源与合作机会。通过开放创新,企业能够吸收来自不同领域、不同背景的创新成果,实现技术的快速迭代和升级。在机械制造领域,开放创新意味着企业不仅要与高校、研究机构合作,还要关注行业内的其他企业、初创公司以及个人创新者。通过建立开放的创新平台,企业可以汇聚各方智慧,共同探索新技术、新产品的研发方向,缩短产品上市周期,提高市场竞争力。此外,开放创新还有助于企业构建多元化的创新生态体系,为企业的长远发展注入源源不断的活力。

3.合作与开放创新共同塑造机械制造企业的未来

面对日益激烈的市场竞争和不断变化的客户需求,机械制造企业必须不断探索新的创新路径,以保持其竞争优势。合作与开放创新作为两种重要的创新策略,共同塑造了机械制造企业的未来。通过与企业外部的高校、研究机构以及其他创新主体进行深度合作,机械制造企业能够不断吸收新知识、新技术,提升自身的创新能力。开放创新模式使企业能够更加灵活地应对市场变化,快速响应客户需求,实现产品的持续创新和优化。在这种合作与开放并重的创新模式下,机械制造企业将能够更好地把握行业发展趋势,引领技术创新潮流,为行业的可持续发展贡献自己的力量。

第二节 机械制造技术的创新路径与模式

一、机械制造技术创新的核心路径

(一)技术融合推动机械制造技术集成创新

1.信息技术引领机械制造智能化转型

在信息技术飞速发展的背景下,机械制造企业正经历着前所未有的变革。信息技术的引入,为传统制造技术带来了智能化、自动化的全新面貌。通过集成先进的传感器、控制系统和数据分析算法,机械制造企业能够实现生产过程的精准控制,确保每一个环节都能达到最优状态。智能化技术的应用,不仅提高了生产效率,还极大降低了人为错误的可能性,使得产品质量得到显著提升。信息技术的网络化特性,使得机械制造企业能够实现生产线的远程监控和管理,及时响应市场变化,灵活调整生产计划。这种智能化、自动化的生产模式,不仅提升了企业的竞争力,还为机械制造行业的可持续发展奠定了坚实基础。

2.材料科学创新助力机械制造性能升级

材料科学作为机械制造技术的重要支撑,其快速发展为机械制造企业提供了更多创新的可能性,新型合金、复合材料等先进材料的出现,为机械产品的性能提升和使用寿命延长带来了新的突破。这些材料具有优异的力学性能、耐腐蚀性和耐高温性,能够满足机械制造企业在极端环境下的使用需求。通过将这些先进材料与传统制造技术相结合,机械制造企业能够开发出更加高效、可靠的机械产品,满足市场的多样化需求。材料科学的创新也为机械制造企业提供了更多的设计空间,使得机械产品的结构和功能能够更加多样化、个性化。

3.多种技术相结合,推动机械制造技术集成创新

在信息技术、材料科学等多领域快速发展的今天,机械制造企业正面临着前所未有的技术融合机遇。通过将信息技术与材料科学等传统制造技术相结合,机械制造企业能够形成新的技术体系和生产模式,实现技术的集成创新。这种创新不仅体现在生产过程的智能化、自动化上,还体现在机械产品的性能提升和使用寿命延长上。技术融合使得机械制造企业能够更加灵活地应对市场变化,快速响应客户需求,开发出更加高效、可靠、个性化的机械产品。技术融合也为机械制造企业的持续发展提供了源源不断的动力,推动整个行业向着更高水平迈进。

(二)绿色制造技术促进机械制造技术创新发展

1.绿色制造是机械制造技术创新的新趋势

绿色制造作为机械制造技术创新的重要方向,正逐步引领行业向更加环保、可持续的方向发展,随着全球环保意识的日益增强和可持续发展战略的深入实施,机械制造企业面临着前所未有的环保压力和市场挑战。为了适应这一变化,企业必须在生产过程中注重节约资源和保护环境,通过技术创新实现绿色制造。绿色制造不仅有助于减少生产过程中的环境污染和资源浪费,还能提升企业的社会形象和市场竞争力。在这一过程中,机械制造企业纷纷采用环保材料,优化能源利用,实施废弃物回收等措施,以确保生产过程的绿色化。这些举措不仅降低了企业的生产成本,还为企业赢得了更多的市场机遇。

2.环保材料与能源优化是绿色制造的核心要素

在绿色制造中,环保材料和能源优化是不可或缺的核心要素。机械制造企业积极引入新型环保材料,如可降解塑料、生物基材料等,以替代传统材料,减少对环境的影响。企业还通过优化能源利用,提高能源效率,降低能源消耗,从而减少碳排放和环境污染。在实施废弃物回收方面,机械制造企业建立了完善的废弃物回收体系,对生产过程中产生的废弃物进行分类、回收和处

理,实现资源的再利用。这些措施不仅有助于保护环境,还能为企业带来经济效益,推动机械制造行业的绿色发展。

3.绿色机械产品有利于满足市场对环保的需求

随着环保意识的提高,市场对绿色机械产品的需求日益增长,机械制造企业积极响应市场变化,开发低能耗、低排放、可回收的绿色机械产品。这些产品在设计、生产和使用过程中都充分考虑了环保因素,以减少对环境的污染和破坏。绿色机械产品的推出,不仅满足了市场对环保产品的需求,还推动了机械制造技术的创新和发展。企业通过不断改进产品设计和生产工艺,提高产品的环保性能和质量水平,从而赢得了更多的市场份额和客户的信赖。在未来,绿色机械产品将成为机械制造行业的主流产品,为行业的可持续发展注入新的活力。

(三)基于用户需求导向的机械制造技术创新

1.用户需求导向是机械制造技术创新的新方向

在机械制造领域,技术的创新正逐渐转向以用户需求为导向。随着市场需求的多样化和个性化趋势的日益加强,机械制造企业面临着前所未有的市场挑战。为了应对这一变化,企业必须深入了解用户需求,将用户需求作为技术创新的出发点和落脚点。通过市场调研、用户反馈等方式,企业可以准确把握用户的真实需求,为产品设计和生产提供有利的依据。这种以用户需求为导向的创新模式,不仅有助于提升产品的市场竞争力,还能为企业带来更大的发展空间。

2.定制化服务能够充分满足用户的个性化需求

随着用户对机械产品性能和功能的要求越来越高,传统的标准化产品已难以满足市场的多样化需求。因此,机械制造企业需要根据用户的具体需求,提供定制化的产品设计和生产服务。通过采用模块化设计、柔性制造等技术手段,企业可以实现产品的快速定制和生产,满足用户的个性化需求。这种定制化服务模式不仅提高了产品的附加值,还提升了用户的满意度和忠诚度,为企业的持续发展奠定了坚实的基础。

3.全方位售后服务与技术支持增强用户满意度

在机械制造技术的创新过程中,全方位的售后服务和技术支持是保障用户满意度的重要环节。机械制造产品在使用过程中,难免会出现各种问题,如果企业能够及时提供有效的售后服务和技术支持,就能帮助用户解决这些问题,提高用户的满意度。因此,机械制造企业需要建立完善的售后服务体系,为用户提供及时、专业的技术支持和维修服务。企业还可以通过定期回访、用户培训等方式,加强与用户的沟通和交流,了解用户的使用情况和需求变化,为产品的持续改进和创新提供有力的支持。这种全方位的售后服务和技术支持模式,不仅有助于提升企业的品牌形象和市场竞争力,还能为用户创造更大的价值。

(四)基于产学研合作基础的机械制造技术创新

1.产学研合作是机械制造技术创新的加速器

产学研合作作为推动机械制造技术创新的重要途径,机械制造企业通过与高校、科研机构等建立紧密的合作关系,能够充分借助后者的科研力量和技术资源,为企业的技术创新提供强有力的支撑。高校和科研机构拥有丰富的科研人才和先进的实验设备,能够深入开展机械制造领域的基础研究和应用研究,为企业的技术创新提供源源不断的动力。产学研合作还能够促进企业与科研机构的资源共享和优势互补,加速科研成果的转化和应用,推动机械制造技术的快速进步。在这种合作模式下,机械制造企业能够更好地把握技术前沿,提升自身的技术创新能力,从而在市场竞争中占据有利地位。

2.产学研合作下的科研项目与人才培养

产学研合作不仅为机械制造企业提供了技术创新的动力,还为企业与高校、科研机构共同开展科研项目和人才培养计划提供了平台。通过合作开展科研项目,机械制造企业能够借助高校和科研机构的科研力量,解决企业在生产过程中遇到的技术难题,推动企业的技术升级和产品创新。产学研合作还能够促进企业与高校、科研机构之间的人才流动和交流,为企业的技术创新提供人才保障。通过共同开展人才培养计划,机械制造企业能够培养出一批既懂技术又懂市场的复合型人才,为企业的持续发展奠定坚实的人才基础。这种合作模式有助于形成良性循环,推动机械制造技术的不断创新和发展。

3.协同创新是机械制造技术创新的合力

在产学研合作的基础上,机械制造企业还应积极寻求不同领域、不同行业之间的技术交流和合作,形成技术创新的合力。通过协同创新,机械制造企业能够打破行业壁垒,实现技术资源的共享和优势互补,推动技术的跨界融合和创新。这种合作模式有助于机械制造企业拓宽技术视野,发现新的技术创新点,提升自身的技术创新能力。协同创新还能够促进产业链上下游企业之间的紧密合作,推动整个产业链的技术升级和协同发展。在这种合作模式下,机械制造企业能够更好地适应市场变化,满足客户需求,实现可持续发展。

二、机械制造技术创新的具体模式

(一)智能制造模式

1.物联网、大数据与人工智能的融合

在当今快速发展的工业 4.0 时代背景下,智能制造模式已成为推动制造业转型升级的关键力量。物联网技术作为信息物理系统的基石,通过嵌入式的传感器、执行器以及智能控制系统,实现了机械制造设备间的互联互通,为数据的实时采集与传输提供了可能。这些海量数据,包括设备运行状态、生产效率、能耗水平等多维度信息,构成了智能制造的"血液",为后续的数据分析与决策支持奠定了坚实基础。大数据技术则负责对这些海量数据进行高效处理与分析,通过数据挖掘、机器学习等先进算法,揭示数据背后的规律与趋势,为机械制造设备的自我诊断、预测维护提供科学依据。例如,通过对设备运行数据的持续监测与分析,可以及时发现潜在的故障信号,提前采取措施避免停机损失,显著提高设备的可用性和维护效率。大数据分析还能帮助企业优化生产流程,减少资源浪费,实现精益生产。而人工智能技术的融入,则是智能制造模式智能化的关键所在。AI不仅能够根据历史数据预测未来趋势,还能自主学习、不断优化决策模型,实现机械制造过程的自主控制与优化。从智能调度生产资源、动态调整生产计划,到精准质量控制、个性化产品定制,人工智能的应用极大地提升了生产线的灵活性和响应速度,满足了市场多元化、个性化的需求。

2. 智能制造模式下的设备管理与维护

在传统制造模式下,机械制造设备的维护往往采用定期检修或故障后维修的方式,这不仅效率低下,而且难以避免因突发故障导致的生产中断和成本增加。智能制造模式的引入,实现了设备管理与维护从被动应对到主动预测的转变。通过物联网技术,机械制造设备的各类运行参数被实时采集并上传至云端或本地数据中心,形成一个庞大的设备健康数据库。大数据分析技术则对这些数据进行深度挖掘,识别出设备运行的异常模式和潜在故障点,从而实现对设备状态的实时监测与评估。基于这些分析结果,预测性维护系统能够准确预测设备的剩余寿命和维修窗口,提前安排维护计划,避免非计划停机,确保生产的连续性和稳定性。此外,借助云计算和移动互联网技术,技术人员可以随时随地访问设备数据,进行远程诊断,甚至通过远程操作指导现场人员解决问题,大幅提高了维护效率和响应速度。这种跨地域、跨时间的协作模式,不仅降低了维护成本,还使得专业知识的共享成为可能,促进了整个行业技术水平的提升。

3. 智能制造推动生产流程变革

智能制造模式的核心在于通过技术创新,实现机械制造生产过程的自动化、柔性化和智能化,从而显著提高生产效率和产品质量。自动化是智能制造的基础,它通过引入自动化设备、机器人以及智能控制系统,实现了生产线的无人化或少人化操作,极大减轻了工人的劳动强度,提高了生产效率和一致性。自动化生产线能够根据预设程序自动完成原料加工、组装、检测等工序，减少了人为干预，降低了错误率，确保了产品质量的稳定。柔性化则是对自动化生产的进一步升华，它强调生产系统对市场需求变化的快速响应能力。在智能制造模式下，生产线通过模块化设计、可重构技术等手段，能够灵活调整生产布局和工艺流程，快速适应不同产品型号、批量大小的生产需求。这种柔性生产能力，使得企业能够更好地抓住市场机遇，满足客户的个性化定制需求，增强市场竞争力。此外，智能化则是智能制造的最高境界，它通过集成物联网、大数据、人工智能等先进技术，实现了生产过程的自主决策与优化。智能生产系统能够根据实时数据，动态调整生产计划、资源配置，优化生产流程，实现生产效率的最大化。智能化还体现在对产品质量的精准控制上，通过在线检测、智能分析等技术，及时发现并纠正生产偏差，确保每一件产品都达到最高标准。

（二）战略合作模式

1.资源共享

资源共享是机械制造企业战略合作的重要一环。在技术研发过程中，企业需要投入大量的人力、物力和财力，而通过与其他企业的合作，可以共同分担这些成本，从而减轻企业的财务压力。共享资源还意味着企业可以更快地获取到最新的技术信息和研发成果，提高研发效率，缩短产品上市周期。在机械制造领域，技术更新换代迅速，企业需要不断投入研发以保持竞争力。通过资源共享，企业可以更快地掌握新技术，将其应用于产品开发中，从而抢占市场先机。此外，合作企业还可以共同开发新产品，共享销售渠道和市场资源，进一步降低成本，提高市场占有率。

2.优势互补

不同企业在技术、市场、品牌等方面各有千秋，通过合作，企业可以充分发挥各自的优势，共同开拓机械制造业务领域和市场空间。这种合作模式有助于企业实现资源的最优配置，提高整体竞争力。在机械制造行业，技术壁垒和市场准入门槛较高,单一企业很难在所有领域都保持领先地位。通过优势互补,企业可以弥补自身的不足,快速提升技术水平和市场占有率。合作企业还可以共同应对市场竞争,分担市场风险,提升抵御外部冲击的能力。

(三) 自动化技术制造模式

1.刚性自动化模式

机械制造技术中的刚性自动化技术是先进机械制造国家原来应用较广的自动化技术。在刚性自动化技术上,我国和先进国家的差距还是存在的。我国现阶段的主要机械制造模式就是刚性自动化模式。机械制造技术中的刚性自动化技术最主要的特点就是在机械制造的过程中完全自动化生产和设计,主要在以下三个方面进行了完全的自动化改进。第一个方面是机械制造过程中的设计工艺路线完全自动化;第二个方面是机械制造过程中使用的加工工具完全自动化;第三个方面是机械制造过程中的产品尺寸设定完全自动化。我国很多的机械制造企业在进行批量生产的过程中,完全使用了刚性自动化技术,不需要改变制造生产尺寸就能够便捷地实现制造过程中的批量生产。刚性自动化技术最明显的实际体现就是机械制造的生产流水线。生产流水线具有三个非常实用的特点。第一个特点是生产的效率非常高;第二个特点是整个生产过程非常短,节省了很多的工时;第三个特点是自动化程度的提升,有效地降低了物流的强度。

2.柔性自动化技术

伴随着我国的计算机技术的不断发展和创新,计算机技术已经应用到了机械制造行业中。在刚性自动化的基础上应用计算机技术形成了现阶段的机械制造技术中的柔性自动化,相较于刚性自动化技术,柔性自动化技术有很多的优点。第一个优点是柔性自动化能够有效地缩短机械制造的生产周期;第二个优点是柔性自动化提升了制造产品的精密度;第三个优点是柔性自动化对于整个生产速度有很大的提升。现阶段我国的机械制造精密度已经达到了纳米的级别,这样就标志着我国的机械制造技术已经取得了非常大的成功,为我国的数字机械制造打下了坚实的技术基础。

3.综合自动化技术

结合机械制造中的刚性自动化技术和机械制造中的柔性自动化技术就形成了一种新的自动化技术,我们称为综合自动化技术,这种技术在我国的应用在很大的程度上提升了我国的机械制造竞争力。面对着非常激烈的市场竞争,机械制造行业要对市场的信息敏锐地察觉。综合性的自动化技术就是在这样的背景下产生的。在刚性自动化技术中,加入计算机技术的信息化和现代化的管理就形成了综合自动化技术。综合自动化技术有三个非常明显的目的:第一个是实现了机械制造的信息流优化;第二个是实现了机械制造的物流优化;第三个是实现了机械制造的价值流优化。通过三方面的优化,有效地提升了机械制造企业的市场竞争力。

第三节　机械制造技术的未来发展趋势与预测

一、信息化与网络化

(一)信息化开启机械制造系统新篇章

1.信息化对机械制造系统的影响

随着科技的飞速发展,信息化时代已经悄然而至,为各行各业带来了前所未有的变革,机械制造系统作为工业领域的重要组成部分,也在这场信息化浪潮中迎来了新的发展机遇。信息化技术的应用,使得机械制造系统的设计和生产过程发生了深刻变化。传统的手工设计和制图方式逐渐被计算机辅助设计(CAD)和计算机辅助制造(CAM)所取代,这不仅提高了设计效率和精度,还使得设计过程更加直观和易于修改。通过信息化手段,企业可以实现对生产过程的实时监控和数据采集,及时发现并解决生产中的问题,提高生产效率和产品质量。

2.信息化促进机械制造系统的智能化

在信息化的推动下,机械制造系统正朝着智能化的方向发展。通过集成先进的传感器、控制器和执行器,机械制造系统可以实现自动化生产和智能化控制。这不仅可以减少人工干预,降低生产成本,还可以提高生产的灵活性和响应速度。此外,智能化机械制造系统还可以根据市场需求和产品变化进行快速调整和优化,提高企业的市场竞争力。

3.信息化助力机械制造系统的全球化

信息化时代的到来,使得机械制造系统的全球化成为可能。通过网络通信技术,企业可以跨越地域限制,与全球范围内的供应商、客户和合作伙伴进行紧密合作。这不仅可以拓宽企业的市场渠道和资源来源,还可以促进技术交流和知识共享,推动机械制造系统的不断创新和发展。

(二) 网络化是机械制造企业的新革命

1.网络化加速信息交流

网络通信技术的飞速发展,不仅改变了人们的生活方式,也给机械制造企业带来了革命性的改革,网络化使得机械制造企业的产品设计、原料选择、生产制造、市场开拓及产品销售等环节都可以跨国进行,极大地拓宽了企业的发展空间和机遇。而且,网络化使得机械制造企业之间的信息交流变得更加便捷和高效。通过电子邮件、即时通信工具等网络手段,企业可以实时传递产品信息、生产进度和客户需求等信息,实现供应链上下游企业的紧密协作。这不仅可以提高工作效率,还可以减少信息传递过程中的误差和延误,确保企业决策的准确性和及时性。

2.网络化推动机械制造企业的全球化布局

网络化使得机械制造企业可以轻松地跨越地域限制,进行全球化布局。通过建立跨国分支机构、与海外合作伙伴建立战略联盟等方式,企业可以拓展海外市场,获取更多的资源和机遇。网络化还可以促进企业之间的技术交流和合作研发,推动机械制造技术的不断创新和升级。

3.网络化提升机械制造企业竞争力

网络化使得机械制造企业可以更加灵活地应对市场变化和客户需求。通过网络平台,企业可以及时了解市场动态和客户需求变化,快速调整产品结构和生产策略。网络化还可以促进企业之间的合作和竞争,推动机械制造企业不断提高产品质量和服务水平,提升企业的市场竞争力。

二、精密制造技术

(一)精密制造技术的内涵

精密制造技术是现代工业制造领域的重要组成部分,它涵盖了超精密加工技术和精密加工两大类。这两种技术都致力于通过精细的制造工艺,提升产品的精度和质量。在精密制造技术中,主要的方法包括精密切削和精密磨削等。这些技术通过高精度的设备和工艺,使产品的尺寸、形状和表面粗糙度达到极高的标准,从而满足各种高精度应用的需求。超精密加工技术,作为精密制造技术的高端领域,其加工精度和表面质量要求极高。这种技术通常应用于对精度要求极高的领域,如航空航天、光学仪器等。而精密加工技术则相对广泛,它涵盖了更多中等精度要求的制造领域,如汽车零部件、精密模具等。这两类技术的结合,构成了完整的精密制造技术体系,为现代工业制造提供了强大的技术支持。

(二)纳米技术在精密制造中的核心地位

在所有精密制造技术中,纳米技术无疑是最为先进的制造技术之一,纳米技术以其独特的优势,成为21世纪制造技术发展的基础。纳米技术通过操纵单个原子和分子,制造出具有纳米级尺寸和精度的产品。这种技术不仅提升了产品的性能和质量,还推动了新材料、新能源、生物医学等领域的发展。纳米技术在精密制造中的应用,主要体现在纳米级加工和纳米材料制备两个方面。纳米级加工技术通过高精度的加工设备和工艺,实现纳米级尺寸的精确控制,从而制造出具有高精度和高性能的产品。而纳米材料制备技术则通过特殊的制备方法和工艺,制备出具有优异性能的纳米材料,为精密制造提供强有力的材料支持。

(三)微型制造机械的发展及其技术核心

微型制造机械是机械技术与电子技术结合的产物,它在纳米技术的基础上得以发展,并成为21世纪技术的核心之一,微型制造机械以其小巧的体积、高精度的加工能力和灵活的操作性,广泛应用于微电子、生物医学、光学等领域。

微型制造机械的发展,离不开机械技术、电子技术、材料科学等多个学科的交叉融合。这种机械通过高精度的传感器、执行器和控制系统,实现纳米级尺度的精确加工和操作。微型制造机械还具备高效、节能、环保等优点,符合现代工业制造的发展趋势。随着技术的不断进步,微型制造机械将在更多领域发挥重要作用,推动精密制造技术的持续发展。

三、特种制造技术的高速发展

(一)特殊材料的需求

随着社会的不断进步和科技的飞速发展,各行各业对设备的要求也越来越高。特别是在一些特殊条件下工作的设备,不仅需要承受极端的环境条件,还需要具备高性能和稳定性。这就对材料和加工技术提出了更高的要求。在众多特殊条件下工作的设备中,材料的选择至关重要。金刚石、硅锗合金、硬质合金、淬火钢等特殊材料因其优异的性能而被广泛应用。然而,这些材料的加工难度也相对较大,传统的加工方法往往无法满足精度和效率的要求。因此,特种制造技术的出现和发展成了解决这一问题的关键。而特种制造技术能够针对特殊材料的特性进行精准加工,保证材料的性能和精度不受损害。

它还能够根据材料的不同特性,灵活调整加工参数和方法,实现高效、精准的加工过程。这使得特殊材料在更多领域得到了广泛应用,推动了相关行业的快速发展。

(二)难以加工零件的解决方案

在机械制造领域,有很多零件的形状和结构非常复杂,如小缝、深孔、窄缝、弯孔、型孔等。这些零件的加工难度极大,传统的加工方法往往无法完成或者加工效率低下。而特种制造技术的出现,为这些难以加工的零件提供了有效的解决方案。特种制造技术通过直接利用电能、热能、声能、光能、化学能和电化学能等能量形式,对工件进行非接触式或者微接触式加工。这种加工方式不仅避免了传统加工中可能出现的刀具磨损和工件变形等问题,还能够实现高精度、高效率的加工过程。因此,特种制造技术在处理复杂零件加工方面具有显著优势。

(三)特种制造技术的未来发展

随着科技的不断进步和工业的快速发展,特种制造技术在机械制造领域的应用将越来越广泛。未来,特种制造技术将继续朝着高精度、高效率、智能化和绿色化的方向发展。通过不断优化加工方法和提高加工精度,特种制造技术将为更多领域提供高效、精准的加工解决方案。随着新材料的不断涌现和加工需求的不断变化,特种制造技术也需要不断创新和发展。未来,我们可以期待更多新型特种制造技术的出现,为机械制造领域带来更多惊喜和突破。

参考文献

[1] 陈建东,任海彬,毕伟.机械制造技术基础[M].吉林:吉林科学技术出版社,2022.

[2] 王红军,韩秋实.机械制造技术基础[M].北京:机械工业出版社,2021.

[3] 喻洪平.机械制造技术基础[M].重庆:重庆大学出版社,2021.

[4] 熊良山.机械制造技术基础[M].武汉:华中科技大学出版社,2020.

[5] 郭兰申,王阳.机械制造工程学[M].北京:化学工业出版社,2021.

[6] 邵刚.机械设计基础[M].北京:电子工业出版社,2019.

[7] 林江.机械制造基础[M].北京:机械工业出版社,2021.

[8] 胡成武.机械制造基础[M].长沙:中南大学出版社,2020.

[9] 蒋翰成.机械加工技术[M].北京:科学出版社,2020.

[10] 陈爱荣,韩祥凤,李新德.机械制造技术[M].北京:北京理工大学出版社,2019.

[11] 王天煜,吕海鸥.机械制造技术基础[M].大连:大连理工大学出版社,2020.

[12] 李琼砚,程朋乐.机械制造技术基础[M].北京:中国财富出版社,2020.

[13] 朱仁盛,董宏伟.机械制造技术基础[M].北京:北京理工大学出版社,2019.

[14] 吴俊飞.机械制造基础[M].北京:北京理工大学出版社,2022.

[15] 徐为荣.机械加工技术训练[M].北京:北京理工大学出版社,2020.

[16] 余凯平,王涛,夏玲丽.机械工程基础[M].合肥:中国科学技术大学出版社,2020.

[17] 高淑杰,张兆刚,宁晓霞.《机械制造技术》课程实践教学改革的探索与实

践[M].北京:北京理工大学出版社,2022.

[18] 李方俊,王丽英.机械制造技术[M].北京:化学工业出版社,2022.

[19] 王军.机械零件的数控加工工艺[M].北京:机械工业出版社,2020.

[20] 周俊.先进制造技术[M].北京:清华大学出版社,2021.

[21] 张海华,赵艳红.机械制造技术基础[M].北京:化学工业出版社,2020.

[22] 王进峰.智能制造技术基础[M].杭州:浙江大学出版社,2022.

[23] 蔡安江,惠旭升,闫洪华,等.机械精度设计与检测技术[M].北京:机械工业出版社,2022.

[24] 曹华军,等.绿色制造基础理论与共性技术 科技综合[M].北京:机械工业出版社,2022.

[25] 李建松,许大华.机械制造技术[M].北京:机械工业出版社,2019.

[26] 黄力刚.机械制造自动化及先进制造技术研究[M].北京:中国原子能出版社,2022.

[27] 莫持标,张旭宁.机械制造技术[M].武汉:华中科技大学出版社,2021.

[28] 高阳,杨斌,朱德馨.现代制造技术基础及应用[M].武汉:华中科技大学出版社,2021.

[29] 焦巍,陈启渊.机械制造技术[M].北京:清华大学出版社,2020.

[30] 赵时璐.机械制造基础[M].北京:冶金工业出版社,2020.